数学基礎コース＝T1

要説 線形代数

森田康夫　著

サイエンス社

サイエンス社のホームページのご案内
http://www.saiensu.co.jp
ご意見・ご要望は　rikei@saiensu.co.jp　まで.

はじめに

数学は科学技術を語る言葉であり，現代の豊かな社会は科学技術の活用により築かれているが，その科学技術の基盤となっているのは数学である．そのため理系の大学の多くでは，大学初年時に微分積分学と線形代数学を学ぶ．

数学で一番基礎となるものの1つとして，1次関数 $y = ax + b$ $(a, b$ は定数$)$ がある．中学校から高等学校では，1次関数から，2次関数，一般の多項式，三角関数，指数関数とあつかう内容を豊かにして行く．これらの関数の性質を調べるための手段が，微分積分学である．

しかし，数学の対象をより豊かにするのには別の方向もある．それは連立1次方程式からはじまる変数の個数を増やして，変数の間の関連を調べ，数学の内容を豊かにする方向である．この本であつかう線形代数学は，次数は1次のままで，たくさんの変数が連携して変わって行く状況を調べるためにある．

本書では，第1章でベクトルと行列の定義を述べ，第2章で行列式を導入する．さらに，第3章で連立方程式と基本変形（掃き出し法）について述べ，第4章で有限次元のベクトル空間の一般論をまとめる．その後，第5章では内積の入った空間の性質を調べ，第6章で複素ベクトル空間の性質を紹介する．

本書の特徴の1つとして，定義の直後に具体的なやさしい例をあげたことがある．私達数学者とその卵は，定義を学ぶと，実例を自分で作り，それにより定義の意味を理解する．しかし，数学者を目指すのではなく，数学の知識を使って専門教育を受けようとする人にとって，例を作ることは容易ではないのではないかと考え，この本では定義の直後に実例をあげた．同様に，逆行列の一意性など，当然確認すべきことだが自分で確認するのは難しく，本文で証明を読むのは煩わしいことは，脚注に証明を書いた．脚注は，気になったときに読めばよい．

積の記号は明記しないのが普通だが，本書では行列の積を表すために・を入れることを原則とし，誤解が生じにくい様に努めた．その他，行列 A の行列式は $|A|$ で表すのが普通だが，$|A|$ という記号は，数 A の絶対値や集合 A の元の個数を表すこともある．また，行列は丸括弧 (　) で表し，行列式は縦棒 |　| で挟んで表すことも，初心者が混乱しやすい点である．そこで，この様な誤解を避けるため，行列式を $\det(A)$ と表す表記も多用した．

また，行列の和や積を学んでも，その意味が分からないのではないかと考え，第1章では，アーベル群や環という言葉を紹介した．これらは，読者が将来必要とする可能性があるが，本書では単なる言葉として使っており，幾つかの性質をまとめて述べるために使っていると考えてよい．

その他，線形代数では，行列式の存在やベクトル空間の次元の定義など，その意味は明瞭であるが，証明することが非常に難しい定理が幾つかある．数学者やその卵は，この様な定理の証明は注意深く読んで正しいことを確認するが，確認した後は，講義をしたり本を書いたりするとき以外は，証明は忘れる．しかし，本書の読者の大半は数学者を目指しているのではないと思われるので，この様な部分は数学者が確認したことを信頼してもよいのではないかと考えた．そこでその様な定理は，定理の意味を（証明を読まずに）実例を知ることにより確認しながら読める様にした．この様な（数学の研究者を目指すのではない人は,）証明を読まなくてもよいと思われる所には# を付け，文字をやや小さくしてある．

本書の執筆依頼をサイエンス社の田島伸彦氏より受けたのは，随分前のことであり，執筆に取りかかったのもかなり前になるが，多忙のため，完成が遅れていた．しかし，今年の春に東日本大震災が起き，私が教えている東北大学では，学生が新幹線や飛行機を使って仙台に来られることと，学生が住むアパートなどの安全確認ができるまで授業をはじめるのを待つことにし，5

月の連休明けから授業をはじめることにした．そのため私は，4 月は執筆に集中することができ，本書の仕上げを行うことができた．

本書の出版にご協力戴いた田島伸彦氏と平勢耕介氏に心から感謝致します．

2011 年 8 月

森田 康夫

目　　次

第1章

行列とベクトル

本章の目的は行列とベクトルを定義し，それらの和や積を定めることである．そのため，集合や写像について復習した後，使いやすい和や積が定義される数学の対象について考える．その後，行列やベクトルを定義し，それらが前節で調べた良い性質を持つことを示す．

1.1 集　合

本書では，正の整数（自然数）の全体を $\mathbb{N}$，整数の全体を $\mathbb{Z}$，有理数の全体を $\mathbb{Q}$，実数の全体を $\mathbb{R}$，複素数の全体を $\mathbb{C}$ で表す．

数学的にはっきりしたものの集まりを**集合**という．a が集合 A の元であるとき $a \in A$ と表し，a が集合 A の元でないとき $a \notin A$ と表す．

集合を定めるには，1, 2, 3, 4, 5 からなる集合を $\{1,2,3,4,5\}$ と表すなど，括弧の中に集合の元を並べて表す方法と，正の実数の全体を $\{a \in \mathbb{R} \mid a > 0\}$ と表すように，集合 A の元で P という性質を持つもの全体を

$$\{a \in A \mid a \text{ は } P \text{ をみたす}\}$$

と表す方法がある．元を持たない集合 $\{\ \}$ も考え，**空集合**と呼び，$\emptyset$ と表す．

集合 B の全ての元が集合 A の元となるとき，$B \subset A$ または $B \subseteq A$ と表し，B は A の**部分集合**であるという．

A, B を集合 C の部分集合とするとき，A か B に入るもの全体 $\{a \in C \mid a \in A \text{ または } a \in B\}$ を $A \cup B$ で表し，A と B の**和集合**と呼ぶ．同様に，A

にも B にも入るものの全体 $\{a \in C \mid a \in A$ かつ $a \in B\}$ を $A \cap B$ と表し，A と B の**交わり**と呼ぶ．

例 1.1　集合 A が有限個の元からなるとき，A の元の個数を $|A|$ で表す．よって $|\emptyset| = 0$ であり，$B \subset A$ なら，$|A| \leqq |B|$ となる．また $|A \cup B| \leqq |A| + |B|$ であり，ここで等号は A と B の元に重複がないときだから，$A \cap B = \emptyset$ のときに限り成立する．

$A = \{a \in \mathbb{Z} \mid a$ は偶数$\}$, $B = \{a \in \mathbb{Z} \mid a$ は奇数$\}$ とすると，$A \cup B = \mathbb{Z}$ である．しかしこのとき，$\mathbb{Z}$ の元と A の元は，$\mathbb{Z} \ni n \longleftrightarrow 2n \in A$ で 1 対 1 に対応し，$\mathbb{Z}$ の元と B の元は，$\mathbb{Z} \ni n \longleftrightarrow 2n+1 \in A$ で 1 対 1 に対応する．この様に無限集合では，全体と部分集合が同じ個数の元を持つことがある．□

集合 A の任意の元 a に集合 B のある元 $f(a)$ を対応させる規則を，集合 A から集合 B への**写像**と呼び，$f : A \longrightarrow B$ と表す．これを $f : A \ni a \longmapsto f(a) \in B$ と表すこともある．とくに，集合 A の元 a に対して，集合 A の同じ元 a を対応させる写像 $A \ni a \longmapsto a \in A$ を**恒等写像**と呼び，id_A または id で表す．

写像 $f : A \longrightarrow B$ は，$a_1 \neq a_2$ なら $f(a_1) \neq f(a_2)$ となるとき，f は **1 対 1** であるという．写像 $f : A \longrightarrow B$ は，任意の B の元 b が適当な A の元 a を取ると $b = f(a)$ と表されるとき，f は**上への写像**であるという．有限集合 A と B の間に 1 対 1 で上への写像 $f : A \longrightarrow B$ があるなら，A と B は同じ数の元を持つ．

写像 $f : A \longrightarrow B$ と写像 $g : B \longrightarrow C$ が与えられたとき，**写像の合成** $g \circ f : A \longrightarrow C$ を

$$g \circ f : A \ni a \longmapsto f(a) \longmapsto g(f(a)) = (g \circ f)(a) \in C$$

で定義する．

例 1.2　f で x-y 平面 $\mathbb{R}$ の点 (x, y) に対して，x 座標を対応させる写像

$$f : \mathbb{R}^2 \ni (x, y) \longmapsto f((x, y)) = x \in \mathbb{R}$$

を表し，g で数直線 $\mathbb{R}$ の点 x に対し，x-y 平面 $\mathbb{R}$ 上の点 $(x, 0)$ を対応させる写像

$$g : \mathbb{R} \ni x \longmapsto g(x) = (x, 0) \in \mathbb{R}^2$$

を表す．このとき，f は上への写像であるが 1 対 1 ではなく，g は 1 対 1 だが上への写像ではない．また，$f \circ g = \mathrm{id}$ となる．□

例 1.3 写像 $f : A \longrightarrow B$, $g : B \longrightarrow C$, $h : C \to D$ が与えられたとする．このとき，$((h \circ g) \circ f)(a) = (h \circ g)(f(a)) = h(g(f(a)))$, $(h \circ (g \circ f))(a) = h((g \circ f)(a)) = h(g(f(a)))$ となる．よって，

$$(h \circ g) \circ f = h \circ (g \circ f) \tag{1.1}$$

となる．□

以下，命題 A を仮定すると命題 B が成り立つなら，$A \Longrightarrow B$ と書き，命題 A と命題 B が同値であるとき，$A \Longleftrightarrow B$ と書く．

注意 1.1 以上では，集合を素朴な意味で使ったが，集合を正確に定義するのはかなり大変である．興味のある方は，集合論の解説書などを参照されたい．

演習問題

1　G を集合，A, B, C を G の部分集合とする．このとき，次を示せ．

(1)　$A \cap (B \cup C) = (A \cap B) \cup (A \cap C)$,　(2)　$A \cup (B \cap C) = (A \cup B) \cap (A \cup C)$.

（ヒント）　集合 X, Y が等しいことは，$X \subseteq Y$ かつ $X \supseteq Y$ を意味する．そこで集合 X の任意の元が Y に入り，集合 Y の任意の元が X に入ることを示す．したがって，第 1 式については,「$A \cap (B \cup C)$ の元は，A の元であり，しかも B と C の和集合の元であるから，A と B の共通部分にはいるか，A と C の共通部分に入り，右辺の集合 $(A \cap B) \cup (A \cap C)$ に入る」などと議論する．

2　例 1.1 の後半を証明せよ．

（ヒント）　$A \cup B$ の元は，(i)　A と B とのどちらにも入るか，(ii)　A には入るが B には入らないか，(iii)　A には入らないが B に入るかのどれか 1 つをみたす．このうち，A に入るのは，(i) か (ii) をみたす元であり，B に入るのは，(i) か (iii) をみたす元である．$|A| + |B|$ では (i) が 2 重に数えられる．

1.2 アーベル群と環

この節では，どのような条件をみたせば，和や積が実数と同様に計算できるかを考える．この節は，ベクトルと行列を扱う次節で必要になったときに，戻って読んでもよい．

実数には和 $+$ と積 $\cdot$ があり，結合法則や分配法則などが成り立つが，先ず和を一般化する．

定義 1.1　A を集合とし，その上に，A の 2 つの元 $a_1, a_2 \in A$ の組 (a_1, a_2) に A の別の元 $a_1 + a_2$ を対応させる**和** $+$ が定まっており，実数の和と同様に次の 4 条件 (A1)-(A4) をみたすとき，集合 A とその上の和 $+$ の組 $(A, +)$ を**アーベル群**という：

(A1) 3 つ以上の元の和を計算するときは，その結果は，和を計算する順序によらない．つまり，任意の A の元 a_1, a_2, a_3 に対し，

$$(a_1 + a_2) + a_3 = a_1 + (a_2 + a_3) \tag{1.2}$$

が成り立つ（**結合法則**）；

(A2) A には**零元**と呼ばれる元 $0 \in A$ があり，0 を加えても値は変わらない．つまり，A の任意の元 a に対し

$$a + 0 = a = 0 + a \tag{1.3}$$

が成り立つ;

(A3) 任意の A の元 $a \in A$ に対し，a に加えると 0 となる元 $-a \in A$ がある．つまり，

$$a + (-a) = 0 = (-a) + a \tag{1.4}$$

となる A の元 $-a$ がある．この元を a の**逆元**と呼ぶ;

(A4) A の和は順序によらない．つまり，任意の A の元 $a, b \in A$ に対し，

$$a + b = b + a \tag{1.5}$$

(**交換法則**) が成り立つ[1].

注意 1.2 アーベル群では，零元 $0 \in A$ と逆元 $-a \in A$ は唯一つしか存在しない[2].

注意 1.3 アーベル群では，実数の和と同様に和が計算ができる．次節で構成するベクトルや行列はアーベル群の具体例となる．

次に，和と積の 2 つがあるものを考える．

定義 1.2 集合 R の上に和 $+$ と積 $\cdot$ が定義されているとき，これら三つの組み $(R, +, \cdot)$ が次の 4 条件 (R1)-(R4) をみたすなら**環**であるという：

(R1) R 上の和 $+$ は (A1)–(A4) をみたし $(R, +)$ はアーベル群となる;

(R2) 3 つ以上の積の計算も，計算する順序によらない．つまり，任意の R の元 r_1, r_2, r_3 に対し

$$(r_1 \cdot r_2) \cdot r_3 = r_1 \cdot (r_2 \cdot r_3) \tag{1.6}$$

が成り立つ (積に関する**結合法則**)；

(R3) 和と積を含む計算は実数と同様に行ってよい．つまり，任意の R の元 r, r_1, r_2 に対し

$$r \cdot (r_1 + r_2) = r \cdot r_1 + r \cdot r_2, \qquad (r_1 + r_2) \cdot r = r_1 \cdot r + r_2 \cdot r \tag{1.7}$$

が成り立つ (**分配法則**)；

---

[1] (A1)–(A3) をみたすものを**群**と呼ぶ.

[2] $0'$ も零元なら，$0' + a = a$ となるから，$a = 0$ とおくと $0' + 0 = 0$ となる．ところが 0 は零元だから $0' + 0 = 0'$ となり，$0' = 0' + 0 = 0$ となる．また，b も a の逆元なら，$b + a = 0$ をみたすから，$b = b + 0 = b + (a + -(a)) = (b + a) + (-a) = 0 + (-a) = -a$ となる.

(R4) R には実数の 1 にあたる元がある．つまり，$1 \neq 0$ となる R の元 1 があり，任意の R の元 r に対して $r \cdot 1 = r = 1 \cdot r$ となる[3]（**単位元**の存在）．

注意 1.4 環においては，和と積の計算が実数と同様に計算できる．次節で扱う正方行列の全体は，環の具体例となる．また，次節の結果（ベクトルと行列の定義）は，実数 $\mathbb{R}$ を一般の環で置き換えても成り立つ．

有理数の全体 $\mathbb{Q}$ や実数の全体 $\mathbb{R}$ では，掛け算の順序を換えてもよく，0 でない元による割り算ができる．そこで，これらの性質を持つものを考える．

定義 1.3 環 $(R, +, \cdot)$ が，次の (R5),(R6) をみたすとき，$(R, +, \cdot)$ は**体**であるという：

(R5) 環 R の積 $\cdot$ が掛ける順序によらない．つまり

$$r_1 \cdot r_2 = r_2 \cdot r_1 \tag{1.8}$$

が任意の R の元 r_1, r_2 に対して成り立つ（乗法の可換性）；

(R6) 任意の 0 でない R の元 r に対し，R の元 r^{-1} で，r に掛けると単位元 1 となる，つまり，

$$r \cdot r^{-1} = 1 = r^{-1} \cdot r \tag{1.9}$$

となるものが存在する．この元 r^{-1} を，r の乗法に関する**逆元**という．

注意 1.5 体では 0 でない元での割り算ができる．割り算が必要な第 2 章以下では，$\mathbb{R}$ が体であることが使われる．

例 1.4 $(R, +, \cdot)$ が環なら，R 係数の**多項式**

$$f(x) = a_0 + a_1X + a_2X^2 + a_3X^3 + \cdots \quad (a_0, a_1, a_2, a_3, \ldots \text{ は } R \text{ の元})$$

の全体 $R[X]$ も環となる[4]．□

---

[3] (R4) をみたす単位元 1 は唯一つしか存在しない：$1'$ も単位元なら，$1' = 1' \cdot 1 = 1$.

[4] R の元 r と X は可換 $r \cdot X = X \cdot r$ であるとして計算する．よって，

なおこれ以外にも，実数の全体 $\mathbb{R}$ や複素数の全体 $\mathbb{C}$ は次のような性質を持っている．

注意 1.6 実数体 $\mathbb{R}$ と複素数体 $\mathbb{C}$ では無限個の和も定義され，元 a の絶対値 $|a|$ や平方根 $\sqrt{a}$ も定義される[5]．

定理 1.1 $\mathbb{C}$ は代数的閉体である．つまり，任意の定数でない複素数係数の多項式 $f(X) \in \mathbb{C}[X], \notin \mathbb{C}$ に対し，$f(\alpha) = 0$ となる複素数 α が存在する（**代数学の基本定理**）[6]．

演習問題

1 T_θ で平面の原点を中心とする角度 θ の回転を表す．このとき，$\{T_\theta \mid -\infty < \theta < \infty\}$ は，回転の和 $T_\theta + T_\phi = T_{\theta+\phi}$ によりアーベル群となることを示せ．

2 複素数 $i = \sqrt{-1}$ を取り，$R = \{\, a + bi \in \mathbb{C} \mid a, b \in \mathbb{Z} \,\}$ を実部 a と虚部 b が共に整数となる複素数とする．このとき，次のことを示せ．

(1) $a+bi, c+di \in R$ なら $(a+bi)+(c+di) = (a+c)+(b+d)i \in R$ となる．

(2) R はこの和 $+$ によりアーベル群となる．

(3) $a+bi, c+di \in R$ なら $(a+bi)\cdot(c+di) = (ac-bd)+(ad+bc)i \in R$ となる．

(4) R は和 $+$ と積 $\cdot$ により環となる[7]．

(5) $a+bi \neq 0$ なら $(a+bi)\cdot(a-bi) = a^2+b^2 \neq 0$ となる．

(6) 実部も虚部も有理数となる複素数の全体 $K = \{\, a+bi \in \mathbb{C} \mid a, b \in \mathbb{Q} \,\}$ は体となる．

$$\sum_i a_i X^i + \sum_i b_i X^i = \sum_i (a_i + b_i) X^i,$$
$$\sum_i a_i X^i \cdot \sum_i b_i X^i = \sum_i \Big(\sum_{j+k=i} a_j b_k\Big) X^i.$$

[5] このことは，実ベクトル空間や複素ベクトル空間の内積の定義や性質に使われる．

[6] このことは，固有値やジョルダンの標準形が存在する根拠として使われる．証明は，関数論を使うものが分かりやすいが，純代数的なものやガロアの理論を使うものもある．

[7] 例えば，$1/3 \notin R$ だから 3 は R では逆元を持たず，R は体ではない．

1.3 ベクトルと行列

幾つかの数をまとめたものを1つの数学的対象として扱うため，この節ではベクトルや行列と言った概念を導入する．以下では実数を成分とするベクトルと行列を扱うが，この節の議論は一般の環の元を成分とする場合に成り立つ．

定義 1.4 m, n を正の整数とする．このとき，実数を m 個縦に並べた

$$\boldsymbol{u} = (u_i) = \begin{pmatrix} u_1 \\ u_2 \\ \vdots \\ u_m \end{pmatrix} \tag{1.10}$$

$(u_1, u_2, \ldots, u_m \in \mathbb{R})$ を m 次元の**列ベクトル**と呼び，u_i を $\boldsymbol{u}$ の**第 $\boldsymbol{i}$ 成分**と呼ぶ．同様に，実数を m 行 n 列の表の形に並べた

$$A = (a_{ij}) = \begin{pmatrix} a_{11} & a_{12} & \cdots & a_{1n} \\ a_{21} & a_{22} & \cdots & a_{2n} \\ \vdots & \vdots & \cdots & \vdots \\ a_{m1} & a_{m2} & \cdots & a_{mn} \end{pmatrix} \tag{1.11}$$

$(a_{ij} \in \mathbb{R})$ を (m, n) 型の**行列**と呼び，a_{ij} を A の $\boldsymbol{(i, j)}$ **成分**と呼ぶ．

$$\mathbb{R}^m = \{\boldsymbol{u} = (u_i) \mid u_i \in \mathbb{R}\ (1 \leqq i \leqq m)\} \tag{1.12}$$

で m 次元の列ベクトル全体を表し，

$$M_{m,n}(\mathbb{R}) = \{\, A = (a_{ij}) \mid a_{ij} \in \mathbb{R}\ (1 \leqq i \leqq m, 1 \leqq j \leqq n)\} \tag{1.13}$$

で (m, n) 型の行列の全体を表す．とくに，サイズが m の正方行列全体 $M_{m,m}(\mathbb{R})$ を $M_m(\mathbb{R})$ で表す．我々は m 次元列ベクトルを $(m, 1)$ 型の行列と同一視し，$\mathbb{R}^m$ と $M_{m,1}(\mathbb{R})$ を同一視する．

例 1.5

$$\boldsymbol{u} = \begin{pmatrix} 1 \\ 2 \\ 3 \end{pmatrix} \qquad と \qquad A = \begin{pmatrix} 4 & 5 & 6 \\ 7 & 8 & 9 \end{pmatrix}$$

を考える．$\boldsymbol{u}$ は 3 次元のベクトル，A は $(2,3)$ 型の行列で，$\boldsymbol{u}$ の第 2 成分は 2 であり，A の $(2,2)$ 成分は 8 である．

定義 1.5　同じ型のベクトルや行列には，和が定義できる．言い直すと，$\mathbb{R}^m$ と $M_{m,n}(\mathbb{R})$ には

$$\begin{pmatrix} u_1 \\ u_2 \\ \vdots \\ u_m \end{pmatrix} + \begin{pmatrix} v_1 \\ v_2 \\ \vdots \\ v_m \end{pmatrix} = \begin{pmatrix} u_1 + v_1 \\ u_2 + v_2 \\ \vdots \\ u_m + v_m \end{pmatrix}, \tag{1.14}$$

$$\begin{pmatrix} a_{11} & a_{12} & \cdots & a_{1n} \\ a_{21} & a_{22} & \cdots & a_{2n} \\ \vdots & \vdots & \cdots & \vdots \\ a_{m1} & a_{m2} & \cdots & a_{mn} \end{pmatrix} + \begin{pmatrix} b_{11} & b_{12} & \cdots & b_{1n} \\ b_{21} & b_{22} & \cdots & b_{2n} \\ \vdots & \vdots & \cdots & \vdots \\ b_{m1} & b_{m2} & \cdots & b_{mn} \end{pmatrix}$$

$$= \begin{pmatrix} a_{11}+b_{11} & a_{12}+b_{12} & \cdots & a_{1n}+b_{1n} \\ a_{21}+b_{21} & a_{22}+b_{22} & \cdots & a_{2n}+b_{2n} \\ \vdots & \vdots & \cdots & \vdots \\ a_{m1}+b_{m1} & a_{m2}+b_{m2} & \cdots & a_{mn}+b_{mn} \end{pmatrix} \tag{1.15}$$

で和が定義できる．

例 1.6

$$\begin{pmatrix} 1 & 2 & 3 \\ 4 & 5 & 6 \end{pmatrix} + \begin{pmatrix} 7 & 8 & 9 \\ 10 & 11 & 12 \end{pmatrix} = \begin{pmatrix} 8 & 10 & 12 \\ 14 & 16 & 18 \end{pmatrix}.$$

□

これらベクトルと行列の和 $+$ は，成分である実数の和 $u_i + v_i$ と $a_{ij} + b_{ij}$ で定義されており，実数 $\mathbb{R}$ の和は結合法則と交換法則をみたすから，これら $\mathbb{R}^m$ と $M_{m,n}(\mathbb{R})$ の演算は結合法則

$$(\boldsymbol{u} + \boldsymbol{v}) + \boldsymbol{w} = \boldsymbol{u} + (\boldsymbol{v} + \boldsymbol{w}), \qquad (A + B) + C = A + (B + C)$$

と交換法則

$$\boldsymbol{u} + \boldsymbol{v} = \boldsymbol{v} + \boldsymbol{u} \qquad A + B = B + A$$

をみたす[8]．

さらにこの演算は，零元

$$\mathbf{0} = \mathbf{0}_m = \begin{pmatrix} 0 \\ 0 \\ \vdots \\ 0 \end{pmatrix} \quad と \quad 0 = 0_{m,n} = \begin{pmatrix} 0 & 0 & \cdots & 0 \\ 0 & 0 & \cdots & 0 \\ \vdots & \vdots & \cdots & \vdots \\ 0 & 0 & \cdots & 0 \end{pmatrix}$$

と，逆元

$$-\boldsymbol{u} = \begin{pmatrix} -u_1 \\ -u_2 \\ \vdots \\ -u_m \end{pmatrix} \quad と \quad -A = \begin{pmatrix} -a_{11} & -a_{12} & \cdots & -a_{1n} \\ -a_{21} & -a_{22} & \cdots & -a_{2n} \\ \vdots & \vdots & \cdots & \vdots \\ -a_{m1} & -a_{m2} & \cdots & -a_{mn} \end{pmatrix}$$

---

[8] 各々の法則は，成分の対応する法則から証明できる．例えば，$(a_{ij} + b_{ij}) + c_{ij} = a_{ij} + (b_{ij} + c_{ij})$ が成り立つから，$(A+B)+C = ((a_{ij}+b_{ij})+c_{ij}) = (a_{ij}+(b_{ij}+c_{ij})) = A + (B + C)$ となる．

を持ち[9]，アーベル群となる．

以上をまとめると次の定理となる．

定理 1.2 長さが m の列ベクトルの全体 $\mathbb{R}^m$ 及び (m,n) 型行列の全体 $M_{m,n}(\mathbb{R})$ は和に関してアーベル群となる．

定義 1.6 $m=n$ のとき，$0_{m,m}$ を 0_m と略記する．

注意 1.7 サイズが余り問題にならないときには，記号が煩雑になることを避けるため，$0_{m,n}$ や 0_m を 0 と略記することもある．

定義 1.7 2 つの行列 $A \in M_{k,\ell}(\mathbb{R}), B \in M_{m,n}(\mathbb{R})$ に対し，

$$A \oplus B = \begin{pmatrix} A & 0 \\ 0 & B \end{pmatrix} = \begin{pmatrix} A & 0_{k,n} \\ 0_{m,\ell} & B \end{pmatrix} \in M_{k+m,\ell+n}(\mathbb{R})$$

とおき，行列 $A \oplus B$ を行列 A と行列 B の**直和**と呼ぶ．

とくに，$a_1, a_2, \ldots, a_m$ が対角部に並ぶ行列を $(a_1 \oplus a_2 \oplus \cdots \oplus a_m)$ で表す：

$$(a_1 \oplus a_2 \oplus \cdots \oplus a_m) = \begin{pmatrix} a_1 & 0 & 0 & 0 \\ 0 & a_2 & 0 & 0 \\ \vdots & \vdots & \cdots & \vdots \\ 0 & 0 & 0 & a_m \end{pmatrix}. \tag{1.16}$$

例 1.7 $A, C \in M_{k,\ell}(\mathbb{R}), B, D \in M_{m,n}(\mathbb{R})$ なら，

$$(A \oplus B) + (C \oplus D) = (A + C) \oplus (B + D), \tag{1.17}$$

9 これらが零元および逆元となることも，$A+0 = (a_{ij}+0) = (a_{ij}) = (0+a_{ij}) = 0+A$ の様に，成分の対応する性質を使って証明できる．

が成り立つ． □

定義 1.8　実数 $r \in \mathbb{R}$ は，これらのベクトルや行列に次の様にして掛けることができる（**スカラー乗法**）：

$$r \cdot \begin{pmatrix} u_1 \\ u_2 \\ \vdots \\ u_m \end{pmatrix} = \begin{pmatrix} r \cdot u_1 \\ r \cdot u_2 \\ \vdots \\ r \cdot u_m \end{pmatrix}, \tag{1.18}$$

$$r \cdot \begin{pmatrix} a_{11} & a_{12} & \cdots & a_{1n} \\ a_{21} & a_{22} & \cdots & a_{2n} \\ \vdots & \vdots & \cdots & \vdots \\ a_{m1} & a_{m2} & \cdots & a_{mn} \end{pmatrix}$$

$$= \begin{pmatrix} r \cdot a_{11} & r \cdot a_{12} & \cdots & r \cdot a_{1n} \\ r \cdot a_{21} & r \cdot a_{22} & \cdots & r \cdot a_{2n} \\ \vdots & \vdots & \cdots & \vdots \\ r \cdot a_{m1} & r \cdot a_{m2} & \cdots & r \cdot a_{mn} \end{pmatrix}. \tag{1.19}$$

例 1.8

$$4 \cdot \begin{pmatrix} 1 \\ 2 \\ 3 \end{pmatrix} = \begin{pmatrix} 4 \\ 8 \\ 12 \end{pmatrix}, \quad 5 \cdot \begin{pmatrix} 6 & 7 & 8 \\ 9 & 10 & 11 \end{pmatrix} = \begin{pmatrix} 30 & 35 & 40 \\ 45 & 50 & 55 \end{pmatrix}.$$ □

注意 1.8　結合法則をみたす集合 S 上の演算 $\cdot$ があり，S と集合 X の元の組 $(s,x) \in S \times X$ の元に対して X の元 $s \cdot x \in X$ を定める規則 $\cdot : S \times X \longrightarrow X$ が $(s_1 \cdot s_2) \cdot x = s_1 \cdot (s_2 \cdot x)\,(s_1, s_2 \in S, x \in X)$ をみたすとき，S の X 上の**作用**と呼ぶ．S に単位元 1 があるときは $1 \cdot x = x$ となると仮定する．スカラー乗法はこれらの性質をみたし，作用となる．

注意 1.9　後に説明する言葉をつかうと，以上で示したことより，長さが m の列ベクトルの全体 $\mathbb{R}^m$ と (m,n) 型行列の全体 $M_{m,n}(\mathbb{R})$ は，実数 $\mathbb{R}$ 上のベクトル空間（線形空間）となることが分かる（定義 4.1 参照）.

定義 1.9　i,j を $1 \leqq i \leqq m$, $1 \leqq j \leqq n$ をみたす整数とする．このとき，$\boldsymbol{e}_i = \boldsymbol{e}_i^{(m)}$ を，i 成分のみが 1 であり，残りの成分はすべて 0 である $\mathbb{R}^m$ のベクトルとする．同様に，$E_{i,j} = E_{i,j}^{(m,n)}$ を，(i,j) 成分のみが 1 であり，残りの成分がすべて 0 である $M_{m,n}(\mathbb{R})$ の元を表す．

明らかに，任意の $\mathbb{R}^m$ のベクトル $\boldsymbol{u}$ は

$$\boldsymbol{u} = \sum_{i=1}^{m} u_i \cdot \boldsymbol{e}_i, \quad (u_i \in \mathbb{R})$$

の形に一意的に表せ, また， $M_{m,n}(\mathbb{R})$ の任意の元 A は

$$A = \sum_{i,j=1}^{n} a_{ij} \cdot E_{i,j}, \quad (a_{ij} \in \mathbb{R})$$

の形に一意的に表せる．我々は，$\{\boldsymbol{e}_1, \ldots, \boldsymbol{e}_m\}$ を $\mathbb{R}^m$ の**標準基底**と呼ぶ.

定義 1.10　$A = (a_{ij})$ と $B = (b_{jk})$ を (ℓ, m) 型および (m,n) 型の行列とする．このとき，これらの**行列の積**となる行列 $A \cdot B$ を次式で定義する：

$$A \cdot B = (a_{ij}) \cdot (b_{jk}) = \left(\sum_{j=1}^{m} a_{ij} \cdot b_{jk} \right). \tag{1.20}$$

つまり，$A \cdot B$ は $\sum_{j=1}^{m} a_{ij} \cdot b_{jk}$ を (i,k) 成分とする (ℓ, n) 型の行列である.

注意 1.10　行列 A, B の積 $A \cdot B$ は，A の列の数と B の行の数が等しいときに限って定義される．したがって，$A, B \in M_m(\mathbb{R})$ なら積が定義される．以下，$A \in M_m(\mathbb{R})$ の n 個の積を A^n で表す.

例 1.9

$$\begin{pmatrix} 1 & 2 & 3 \\ 4 & 5 & 6 \end{pmatrix} \cdot \begin{pmatrix} 7 & 8 \\ 9 & 10 \\ 11 & 12 \end{pmatrix} =$$

$$\begin{pmatrix} 1\cdot 7+2\cdot 9+3\cdot 11 & 1\cdot 8+2\cdot 10+3\cdot 12 \\ 4\cdot 7+5\cdot 9+6\cdot 11 & 4\cdot 8+5\cdot 10+6\cdot 12 \end{pmatrix} = \begin{pmatrix} 58 & 64 \\ 139 & 154 \end{pmatrix}.$$ □

例 1.10

$$E_m = \begin{pmatrix} 1 & 0 & \cdots & 0 \\ 0 & 1 & \cdots & 0 \\ \vdots & \vdots & \cdots & \vdots \\ 0 & 0 & \cdots & 1 \end{pmatrix} = \sum_{i=1}^{m} E_{i,i} \in M_m(\mathbb{R}) \tag{1.21}$$

を対角成分が 1 であり, それ以外の成分は 0 となる m 次正方行列とする. このとき，E_m は任意の m 次正方行列 $A \in M_m(\mathbb{R})$ に対し

$$E_m \cdot A = A = A \cdot E_m \tag{1.22}$$

をみたす．よって，E_m は $M_m(\mathbb{R})$ の乗法 $\cdot$ に関する単位元となる，これを**単位行列**と呼ぶ. □

例 1.11　$A \in M_{k,\ell}(\mathbb{R}), B \in M_{n,p}(\mathbb{R}), C \in M_{\ell,m}(\mathbb{R}), D \in M_{p,q}(\mathbb{R})$ なら，

$$(A \oplus B) \cdot (C \oplus D) = (A \cdot C) \oplus (B \cdot D) \tag{1.23}$$

が成り立つ. □

例 1.12

$$\begin{pmatrix} 0 & 0 \\ 0 & 1 \end{pmatrix}\begin{pmatrix} 1 & 1 \\ 0 & 1 \end{pmatrix} = \begin{pmatrix} 0 & 0 \\ 0 & 1 \end{pmatrix}, \begin{pmatrix} 1 & 1 \\ 0 & 1 \end{pmatrix}\begin{pmatrix} 0 & 0 \\ 0 & 1 \end{pmatrix} = \begin{pmatrix} 0 & 1 \\ 0 & 1 \end{pmatrix}$$

となり，この 2 つの行列は相異なるから，サイズが 2 の正方行列 $M_2(\mathbb{R})$ の積は可換でない．さらに,

$$\left(\begin{pmatrix} 0 & 0 \\ 0 & 1 \end{pmatrix} \oplus 0_{m-2}\right) \cdot \left(\begin{pmatrix} 1 & 1 \\ 0 & 1 \end{pmatrix} \oplus 0_{m-2}\right) = \left(\begin{pmatrix} 0 & 0 \\ 0 & 1 \end{pmatrix} \oplus 0_{m-2}\right),$$

$$\left(\begin{pmatrix} 1 & 1 \\ 0 & 1 \end{pmatrix} \oplus 0_{m-2}\right) \cdot \left(\begin{pmatrix} 0 & 0 \\ 0 & 1 \end{pmatrix} \oplus 0_{m-2}\right) = \left(\begin{pmatrix} 0 & 1 \\ 0 & 1 \end{pmatrix} \oplus 0_{m-2}\right)$$

だから，$M_m(\mathbb{R})\ (m \geqq 2)$ の積も可換でない． ■

例 1.13

$$A = \begin{pmatrix} \alpha & 0 \\ 0 & \beta \end{pmatrix}, \qquad B = \begin{pmatrix} b_{11} & b_{12} \\ b_{21} & b_{22} \end{pmatrix}$$

$(\alpha, \beta, b_{ij} \in \mathbb{R}, \alpha \neq \beta)$ とする．このとき，

$$A \cdot B = \begin{pmatrix} \alpha & 0 \\ 0 & \beta \end{pmatrix} \cdot \begin{pmatrix} b_{11} & b_{12} \\ b_{21} & b_{22} \end{pmatrix} = \begin{pmatrix} \alpha \cdot b_{11} & \alpha \cdot b_{12} \\ \beta \cdot b_{21} & \beta \cdot b_{22} \end{pmatrix},$$

$$B \cdot A = \begin{pmatrix} b_{11} & b_{12} \\ b_{21} & b_{22} \end{pmatrix} \cdot \begin{pmatrix} \alpha & 0 \\ 0 & \beta \end{pmatrix} = \begin{pmatrix} \alpha \cdot b_{11} & \beta \cdot b_{12} \\ \alpha \cdot b_{21} & \beta \cdot b_{22} \end{pmatrix}$$

である．よって，$A \cdot B = B \cdot A$ なら，$\alpha \cdot b_{12} = \beta \cdot b_{12}$, $\alpha \cdot b_{21} = \beta \cdot b_{21}$ となり，$\alpha \neq \beta$ だから， $b_{12} = b_{21} = 0$ となり，B は対角行列となる． ■

行列 $A = (a_{ij}) \in M_{m,n}(\mathbb{R})$ は

$$f_A : \mathbb{R}^n \ni \boldsymbol{u} = (u_i) \longmapsto A \cdot \boldsymbol{u} = A \cdot (u_i) = \left(\sum_{j=1}^{n} a_{ij} u_j\right) \in \mathbb{R}^m \tag{1.24}$$

により，$\mathbb{R}^n$ から $\mathbb{R}^m$ への写像 f_A を定める．

定義より明らかに，

$$f_{c \cdot A + d \cdot B}(\boldsymbol{u}) = c \cdot f_A(\boldsymbol{u}) + d \cdot f_B(\boldsymbol{u}) \tag{1.25}$$

$(A, B \in M_{m,n}(\mathbb{R}),\ c, d \in \mathbb{R},\ \boldsymbol{u} \in \mathbb{R}^n)$ が成り立つ．

例 1.14

$$A = \begin{pmatrix} a & b \\ c & d \end{pmatrix}, \quad \boldsymbol{u} = \begin{pmatrix} x \\ y \end{pmatrix} \quad \text{とすると,} \quad A \cdot \boldsymbol{u} = \begin{pmatrix} ax+by \\ cx+dy \end{pmatrix}$$

だから,

$$f_A : \mathbb{R}^2 \ni \begin{pmatrix} x \\ y \end{pmatrix} \longmapsto \begin{pmatrix} ax+by \\ cx+dy \end{pmatrix} \in \mathbb{R}^2$$

となる．とくに,

$$f_A\left(\begin{pmatrix} 1 \\ 0 \end{pmatrix}\right) = \begin{pmatrix} a \\ c \end{pmatrix}, \qquad f_A\left(\begin{pmatrix} 0 \\ 1 \end{pmatrix}\right) = \begin{pmatrix} b \\ d \end{pmatrix}$$

となり，写像 f_A は行列 A を定めていることが分かる． ■

例 1.15 θ を実数とし，2次の正方行列

$$A(\theta) = \begin{pmatrix} \cos\theta & -\sin\theta \\ \sin\theta & \cos\theta \end{pmatrix}$$

を考える．このとき,

$$f_{A(\theta)}\left(\begin{pmatrix} x \\ y \end{pmatrix}\right) = \begin{pmatrix} \cos\theta & -\sin\theta \\ \sin\theta & \cos\theta \end{pmatrix} \cdot \begin{pmatrix} x \\ y \end{pmatrix} = \begin{pmatrix} x\cos\theta - y\sin\theta \\ x\sin\theta + y\cos\theta \end{pmatrix}$$

となり，$f_{A(\theta)}$ は原点を中心とする角度 θ の回転を表す．

【証明】 原点 O から点 $P(x,y)$ までの距離を r とし，OP が x 軸と角度 φ をなすとすると，$x = r\cos\varphi$, $y = r\sin\varphi$ となる．これを角度 θ だけ回転した点を (x', y') とすると，$x' = r\cos(\varphi+\theta)$, $y' = r\sin(\varphi+\theta)$ となる．ところが，加法定理により,

$$x\cos\theta - y\sin\theta = r(\cos\varphi\cos\theta - \sin\varphi\sin\theta) = r\cos(\varphi+\theta) = x'$$

$$x\sin\theta + y\cos\theta = r(\sin\varphi\cos\theta + \cos\varphi\sin\theta) = r\sin(\varphi+\theta) = y'$$

となるから，$f_{A(\theta)}$ は角度 θ の回転を表す． （証明終り） ■

行列 $A=(a_{ij})\in M_{m,n}(\mathbb{R})$ が引き起こす写像

$$f_A:\mathbb{R}^n\ni \boldsymbol{u}=(u_i)\longmapsto A\cdot\boldsymbol{u}=\left(\sum_{j=1}^{n}a_{ij}u_j\right)\in\mathbb{R}^m$$

を前の通りとする．このとき，$\{\boldsymbol{e}_1,\ldots,\boldsymbol{e}_n\}$ を $\mathbb{R}^n$ の標準基底とすると，

$$f_A(\boldsymbol{e}_k)=\begin{pmatrix}a_{1k}\\a_{2k}\\\vdots\\a_{mk}\end{pmatrix}$$

$(k=1,\ldots,n)$ となるから，$A\neq B$ なら $f_A\neq f_B$ となる．よってこの対応 $A\mapsto f_A$ は 1 対 1 の対応である．

さて，$A\in M_{\ell,m}(\mathbb{R}),B\in M_{m,n}(\mathbb{R})$ のとき，$\boldsymbol{e}_1,\cdots,\boldsymbol{e}_n$ を $\mathbb{R}^n$ の標準的基底とすると，

$$\begin{aligned}f_A(f_B(\boldsymbol{e}_k))&=f_A\left(\begin{pmatrix}b_{1k}\\b_{2k}\\\vdots\\b_{mk}\end{pmatrix}\right)=A\cdot\begin{pmatrix}b_{1k}\\b_{2k}\\\vdots\\b_{mk}\end{pmatrix}=\begin{pmatrix}\sum_{j=1}^{m}a_{1j}b_{jk}\\\sum_{i=1}^{m}a_{2j}b_{jk}\\\vdots\\\sum_{i=1}^{m}a_{\ell j}b_{jk}\end{pmatrix}\\&=(A\cdot B)\cdot\boldsymbol{e}_k=(f_{A\cdot B})(\boldsymbol{e}_k)\end{aligned}$$

$(j=1,\ldots,n)$ であるから，$f_A\circ f_B=f_{A\cdot B}$ となる．よって次の定理を得る．

> **定理 1.3**　行列 f_A と f_B の引き起こす写像の合成 $f_A\circ f_B$ は，行列の積 $A\cdot B=\left(\sum_{j=1}^{m}a_{ij}b_{jk}\right)\in M_{\ell,n}(\mathbb{R})$ により引き起こされる[10]：
>
> $$f_A\circ f_B=f_{A\cdot B}.\tag{1.26}$$

さて，例 1.3 参照により，写像の合成は結合法則 $(f\circ g)\circ h=f\circ(g\circ h)$ をみたすから，

[10] 行列 A が引き起こす写像 f_A は，第 4 章で線形写像としてより一般な形で取り上げられる．行列の積の定義は意味が分かり難いが，この対応 $A\longmapsto f_A$ がうまく行く様に定めていると考えることができる．

$$f_{(A\cdot B)\cdot C} = f_{A\cdot B} \circ f_C = (f_A \circ f_B) \circ f_C$$
$$= f_A \circ (f_B \circ f_C) = f_A \circ f_{B\cdot C} = f_{A\cdot(B\cdot C)}$$

となり，行列に写像を対応させる対応 $A \longmapsto f_A$ は1対1だから，$(A\cdot B)\cdot C = A\cdot(B\cdot C)$ となる．したがって，

定理 1.4　行列の積は，結合法則をみたす：$A \in M_{\ell,m}(\mathbb{R})$,　$B \in M_{m,n}(\mathbb{R})$,　$C \in M_{n,p}(\mathbb{R})$ とすると，

$$(A\cdot B)\cdot C = A\cdot(B\cdot C) \tag{1.27}$$

となる[11].

また，$A = (a_{ij}) \in M_{\ell,m}(\mathbb{R}), B = (b_{jk}), C = (c_{jk}) \in M_{m,n}(\mathbb{R})$ とすると，

$$A\cdot(B+C) = (a_{ij})\cdot(b_{jk}+c_{jk}) = \left(\sum_{j=1}^{m} a_{ij}\cdot(b_{jk}+c_{jk})\right)$$

$$= \left(\sum_{j=1}^{m} a_{ij}\cdot b_{jk}\right) + \left(\sum_{j=1}^{m} a_{ij}\cdot c_{jk}\right) = A\cdot B + A\cdot C$$

となり，$A\cdot(B+C) = A\cdot B + A\cdot C$ が成り立つ．同様に，$(D+E)\cdot F = D\cdot F + E\cdot F$ が成り立つことも確かめられるから，

定理 1.5　行列の和 $+$ と積 $\cdot$ は，分配法則をみたす[12]：

$$A\cdot(B+C) = A\cdot B + A\cdot C, \quad (D+E)\cdot F = D\cdot F + E\cdot F. \tag{1.28}$$

これらをまとめると，次の定理を得る：

11　結合法則は，直接行列の積を計算をしても証明できる（演習問題 3）.

12　写像の性質 $f_A \circ (f_B + f_C) = f_A \circ f_B + f_A \circ f_C$ などに帰着してもよい.

定理 1.6　$M_m(\mathbb{R})$ は環となる．$M_m(\mathbb{R})$ の積が可換となるのは，$m = 1$ の場合に限る．

注意 1.11　$M_m(\mathbb{R})$ は環となるから，実数の場合と同様に和と積を計算できる．しかし，例 1.12 で示した様に，サイズが 2 以上の場合には $M_m(\mathbb{R})$ の積は可換とならないので，積を計算するときには，掛ける順序に注意する必要がある．

定義 1.11　$A \in M_m(\mathbb{R})$ とする．$f(x) = \sum_{i=0}^{N} c_i x^i \ (c_i \in \mathbb{R})$ を多項式とするとき，

$$f(A) = \sum_{i=0}^{N} c_i A^i = c_0 E_m + c_1 A + c_2 A^2 + \cdots + c_N A^N \quad (1.29)$$

と定義する．

例 1.16

$$A = \begin{pmatrix} a & b \\ 0 & a \end{pmatrix} \quad \text{とすると，} \quad A^2 = A \cdot A = \begin{pmatrix} a^2 & 2ab \\ 0 & a^2 \end{pmatrix}$$

である．よって $f(x) = x^2 + cx + d$ なら，

$$f(A) = A^2 + cA + dE = \begin{pmatrix} a^2 + ca + d & 2ab + cb \\ 0 & a^2 + ca + d \end{pmatrix}$$

となる．□

定義 1.12　$A \in M_m(\mathbb{R})$ を (m, m) 型の行列とする．このとき，もし行列 $X \in M_m(\mathbb{R})$ が

$$X \cdot A = E_m = A \cdot X \quad (1.30)$$

をみたすなら，X を A の**逆行列**であるといい A^{-1} で表す[13]．また逆行列 A^{-1} が存在するとき，A を**可逆**または**正則**であるという．

例 1.17

$$A = \begin{pmatrix} 2 & 1 \\ 3 & 2 \end{pmatrix}, \qquad B = \begin{pmatrix} 2 & -1 \\ -3 & 2 \end{pmatrix}$$

とおくと,

$$\begin{pmatrix} 2 & 1 \\ 3 & 2 \end{pmatrix} \cdot \begin{pmatrix} 2 & -1 \\ -3 & 2 \end{pmatrix} = \begin{pmatrix} 1 & 0 \\ 0 & 1 \end{pmatrix} = \begin{pmatrix} 2 & -1 \\ -3 & 2 \end{pmatrix} \cdot \begin{pmatrix} 2 & 1 \\ 3 & 2 \end{pmatrix}$$

となるから, B は A の逆行列である.

一般に

$$A = \begin{pmatrix} a & b \\ c & d \end{pmatrix}, \qquad B = \begin{pmatrix} d & -b \\ -c & a \end{pmatrix}$$

とすると,

$$A \cdot B = (ad - bc)E_2 = B \cdot A$$

となる. よって $ad - bc \neq 0$ なら $(ad - bc)^{-1}B$ が A の逆行列となる. □

定義 1.13

$$A = \begin{pmatrix} a_{11} & a_{12} & \cdots & a_{1n} \\ a_{21} & a_{22} & \cdots & a_{2n} \\ \vdots & \vdots & \cdots & \vdots \\ a_{m1} & a_{m2} & \cdots & a_{mn} \end{pmatrix}$$

を (m, n) 型の行列とする. このとき, (n, m) 型の行列

$$^tA = \begin{pmatrix} a_{11} & a_{21} & \cdots & a_{m1} \\ a_{12} & a_{22} & \cdots & a_{m2} \\ \vdots & \vdots & \cdots & \vdots \\ a_{1n} & a_{2n} & \cdots & a_{mn} \end{pmatrix} \tag{1.31}$$

を A の**転置行列**と呼ぶ.

---

[13] Y もこの性質をみたすなら, $X = X \cdot E_m = X \cdot (A \cdot Y) = (X \cdot A) \cdot Y = E_m \cdot Y = Y$ となる. よってこの性質をみたす行列 X は, 高々一つしか存在しない.

例 1.18

$$A = \begin{pmatrix} 1 & 2 \\ 3 & 4 \end{pmatrix} \quad なら \quad {}^tA = \begin{pmatrix} 1 & 3 \\ 2 & 4 \end{pmatrix}.$$ □

定義より容易に，$A \in M_{\ell,m}(\mathbb{R}), B \in M_{m,n}(\mathbb{R})$ なら，

$$^t(A \cdot B) = (^tB) \cdot (^tA) \tag{1.32}$$

が成り立つことが分かる．また $\ell = m = n$ で A が逆行列 A^{-1} を持つなら，上式で $B = A^{-1}$ とおくことにより，$E_m =^t E_m =^t (A \cdot A^{-1}) =^t (A^{-1}) \cdot^t A$ となり，

$$^t(A^{-1}) = (^tA)^{-1} \tag{1.33}$$

が成り立つことが分かる．

定義 1.14 m 次正方行列 $A \in M_m(\mathbb{R})$ は $^tA = A$ となるとき**対称行列**であると言い，$^tA = -A$ となるとき**交代行列**であると言う．

任意の m 次正方行列 $X \in M_m(\mathbb{R})$ は，

$$X = \frac{X +^t X}{2} + \frac{X -^t X}{2} \tag{1.34}$$

と，対称行列 $(X +^t X)/2$ と交代行列 $(X -^t X)/2$ の和で表せる．

例 1.19

$$A = \begin{pmatrix} 1 & 2 \\ 3 & 4 \end{pmatrix} \quad なら，\quad {}^tA = \begin{pmatrix} 1 & 3 \\ 2 & 4 \end{pmatrix}$$

となり，

$$(A +^t A)/2 = \begin{pmatrix} 1 & 5/2 \\ 5/2 & 4 \end{pmatrix}, \quad (A -^t A)/2 = \begin{pmatrix} 0 & -1/2 \\ 1/2 & 0 \end{pmatrix}$$

となる． □

注意 1.12 この節の議論で，列ベクトル

$$\boldsymbol{u} = (u_i) = \begin{pmatrix} u_1 \\ u_2 \\ \vdots \\ u_m \end{pmatrix}, \qquad (u_1, u_2, \ldots, u_m \in \mathbb{R})$$

を行ベクトル

$$\boldsymbol{v} = (v_1, \cdots, v_m), \qquad (v_1, v_2, \cdots, v_m \in \mathbb{R})$$

に置き換えても同様の結果が得られる，

演習問題

1　$A = \begin{pmatrix} 0 & 1 \\ -1 & 0 \end{pmatrix}$，$B = \begin{pmatrix} a & b \\ c & d \end{pmatrix}$，$C = \begin{pmatrix} 0 & 1 & 0 & 0 \\ 0 & 0 & 1 & 0 \\ 0 & 0 & 0 & 1 \\ 0 & 0 & 0 & 0 \end{pmatrix}$ と置く．

(1)　A^2 及び A^4 を計算せよ．

(2)　$A \cdot B$ 及び $B \cdot A$ を計算せよ．

(3)　C^2, C^3 及び C^4 を計算せよ．

2　A, B をサイズが m の正方行列とする．このとき．(i) $(A+B)\cdot(A-B)$, (ii) $A^2 - B^2$, (iii) $(A-B)\cdot(A+B)$ のうちの 2 つが一致するための必要十分条件は，$A \cdot B = B \cdot A$ であることを証明せよ．

3　$A = (a_{hi}) \in M_{\ell,m}(\mathbb{R}), B = (b_{ij}) \in M_{m,n}(\mathbb{R}), C = (c_{jk}) \in M_{n,p}(\mathbb{R})$ のとき，行列の積を計算することにより，結合法則

$$(A \cdot B) \cdot C = A \cdot (B \cdot C)$$

を示せ．

4　$X \in M_m(\mathbb{R})$ と $E_m + X$ が可逆であるとき，

$$Y = (E_m - X) \cdot (E_m + X)^{-1} \tag{1.35}$$

とおくと，$E_m + Y$ も可逆で，

$$X = (E_m - Y) \cdot (E_m + Y)^{-1} \tag{1.36}$$

となることを示せ．これを**ケーリー変換**という．

5　$A, B \in M_m(\mathbb{R})$ に対して，

$$[A, B] = A \cdot B - B \cdot A \tag{1.37}$$

とおくとき，$A, B, C \in M_m(\mathbb{R})$ に対して，

$$[[A, B], C] + [[B, C], A] + [[C, A], B] = 0_m \tag{1.38}$$

が成り立つことを示せ（**ヤコビの恒等式**）．

6　$A = (a_{ij}) \in M_m(\mathbb{R})$ に対して，

$$\| A \| = \mathrm{Max}_{i,j} |a_{ij}| \tag{1.39}$$

とおく．このとき，

(1)

$$\| A + B \| \leqq \| A \| + \| B \|, \tag{1.40}$$

$$\| A \cdot B \| \leqq m \| A \| \cdot \| B \| \tag{1.41}$$

が成り立つことを示せ．

(2)　$X \in M_m(\mathbb{R})$ を m 次の正方行列とするとき，

$$\exp(X) = E_m + \frac{X}{1!} + \frac{X^2}{2!} + \frac{X^3}{3!} + \cdots + \frac{X^n}{n!} + \cdots \tag{1.42}$$

の右辺の無限和が収束し，$\exp(X)$ が定義できることを示せ．

第2章

行列式

前の章で見た様に，

$$A = \begin{pmatrix} a & b \\ c & d \end{pmatrix}, \qquad B = \begin{pmatrix} d & -b \\ -c & a \end{pmatrix}$$

とすると，

$$A \cdot B = (ad - bc)E_2 = B \cdot A$$

となり，$ad - bc \neq 0$ なら $(ad - bc)^{-1}B$ が A の逆行列となる．よって A が逆行列を持つかどうかが，$\det(A) = ad - bc$ が 0 でないかどうかで決まっている．この章では，一般の正方行列に対し $\det(A) = ad - bc$ に当たるものを作る．

以下では実数 $\mathbb{R}$ 上の行列の行列式を扱うが，逆行列の存在と行列式とを結びつける議論を除き，行列式についての議論は一般の環上で成り立つ（関連する部分の脚注参照）[1]．

2.1 置換群#

この節では，行列式を導入する準備として**置換群**を定義する．この節の結果は，第 2 章のみで使う．

---

[1] この章の証明は難しいが，結果は明確である．そこで，行列式の計算ができる様になることを主目的とする場合には，第 1 節（置換群）をとばして，定理 2.1（行列式の存在）の結果を（証明を読まずに）認め，以下も，定理や系などの結果を認めて，例でその意味を確認する，といった勉強法をとってもよい．

第1章の始めに述べた様に，A, B を集合とするとき，写像 $f : A \longrightarrow B$ は，$a_1, a_2 \in A$ が相異なる $(a_1 \neq a_2)$ なら，その像も相異なる $(f(a_1) \neq f(a_2))$ とき **1対1** であるという．また写像 $f : A \longrightarrow B$ は，任意の $b \in B$ に対し $a \in A$ で $f(a) = b$ となるものが存在するなら，**上への写像**であるという．恒等写像は，1対1で上への写像である．

注意 2.1 有限集合 A から有限集合 B への写像 $f : A \ni a \longmapsto f(a) \in B$ において，(1) f が1対1であるとき，そのときに限り，A と $f(A)$ とが同じ個数の元を持ち，(2) f が上への写像であるとき，そのときに限り，$f(A)$ とそれを含む B が同じ個数の元を持つ．よって，A と B が同じ個数の元を持つ場合には，(i) f が1対1となることと，(ii) f が上への写像であることは，共に (iii) $|A| = |B| \geqq |f(A)|$ において不等号が等号となることを意味するから，(i) と (ii) は同値である．

定義 2.1 m を正の整数とし，$X = X_m$ を $1 \leqq i \leqq m$ をみたす整数 i の全体とする：

$$X_m = \{1, 2, \ldots, m-1, m\}. \tag{2.1}$$

このとき，S_m で $\sigma : X_m \longrightarrow X_m$ となる1対1で上への写像全体を表す：

$$S_m = \{\sigma : X_m \longrightarrow X_m \mid \sigma \text{は1対1で上への写像}\}. \tag{2.2}$$

S_m の元を m 次の置換という．

注意 2.2 S_m がいくつの元からなるかを考える．そこで S_m から任意の元 $S_m \ni \sigma$ を取る．$\sigma(1)$ は $X_m = \{1, 2, \ldots, m-1, m\}$ の m 個の元のどれかとなる．この値を決めると，$\sigma(2)$ は X_m から $\sigma(1)$ を除いた $m-1$ 個のどれかとなる．これを繰り返すと，$\sigma(i)$ は X_m から $\sigma(1), \sigma(2), \cdots, \sigma(i-1)$ を除いた $m-i$ 個の元のどれかとなる．よって S_m は，$m \cdot (m-1) \cdots (m-i) \cdots 2 \cdot 1 = m!$ 個の元からなる．

例 2.1 i, j を $1 \leqq i \neq j \leqq m$ となる数とする．このとき，i と j を入れ替え，それ以外の X_m の元を固定する写像は，X_m の1対1で上への写像となり，S_m の元となる．これを i と j の**互換**と呼び，(i, j) で表す．よって $1 \leqq k \leqq m$ のとき，

$$(i,j)(k) = \begin{cases} j & \cdots k = i \\ i & \cdots k = j \\ k & \cdots k \neq i, j. \end{cases}$$

一般に，$i_1, i_1, \ldots, i_s$ を X_m の相異なる元とするとき，i_1 を i_2 に移し，i_2 を i_3

に移し，$\cdots$，i_{s-1} を i_s に移し，i_s を i_1 に移し，それ以外の X_m の元を動かさない写像は，X_m の 1 対 1 で上への写像となり，S_m の元となる．これを**巡回置換**と呼び，$(i_1, i_2, \cdots, i_{s-1}, i_s)$ で表す． ■

例 2.2 S_3 は $3! = 6$ 個の元からなる．ところが $\mathrm{id}, (1,2), (2,3), (3,1), (1,2,3), (1,3,2)$ は X_3 から X_3 への 1 対 1 で上への写像であるから，$S_3 = \{\mathrm{id}, (1,2), (2,3), (3,1), (1,2,3), (1,3,2)\}$ となる． ■

σ, τ を X_m から X_m への 1 対 1 で上への写像とすると，2 つの写像の合成

$$\sigma \circ \tau : X_m \ni i \longmapsto \tau(i) \longmapsto \sigma(\tau(i)) \in X_m \tag{2.3}$$

も X_m から X_m への 1 対 1 で上への写像となる．これで S_m の元の積 $\sigma \circ \tau$ を定義する．

写像の合成は，任意の $\sigma, \tau, \mu \in S_m$ と任意の $i \in X_m$ に対し

$$((\sigma \circ \tau) \circ \mu)(i) = (\sigma \circ \tau)(\mu(i)) = (\sigma(\tau(\mu))(i) = \sigma((\tau \circ \mu)(i)) = (\sigma \circ (\tau \circ \mu))(i)$$

をみたすから，結合法則 $(\sigma \circ \tau) \circ \mu = \sigma \circ (\tau \circ \mu)$ をみたす．さらに恒等写像 id が X_m から X_m への任意の写像に対し

$$\mathrm{id} \circ \sigma = \sigma = \sigma \circ \mathrm{id} \tag{2.4}$$

をみたすから，恒等写像 id が単位元となる．さらに 1 対 1 で上への写像 σ は，任意の $i \in X_m$ に対し $\sigma(j) = i$ となる $j \in X_m$ が唯一つ存在するから，逆写像

$$\sigma^{-1} : X_m \ni i \longmapsto \sigma^{-1}(i) = j \in X_m \tag{2.5}$$

が定義され，

$$\sigma^{-1} \circ \sigma = \mathrm{id} = \sigma \circ \sigma^{-1} \tag{2.6}$$

が成り立つ．よって，S_m は恒等写像を単位元とし，逆写像を逆元とする群となる[2]．

定義 2.2 S_m を次数 m の**対称群**と呼び，その元を X_m 上の**置換**または次数 m の置換と呼ぶ．

定義 2.3 $\sigma \in S_m$ を次数 m の置換とする．このとき，σ の**符号** $\mathrm{sign}(\sigma)$ を

$$\mathrm{sign}(\sigma) = \prod_{1 \leqq i < j \leqq m} \frac{\sigma(i) - \sigma(j)}{i - j} \tag{2.7}$$

---

[2] $m \geqq 3$ のとき，$(1,2) \circ (1,3)(3) = 2 \neq 1 = (1,3) \circ (1,2)(3)$ であるから，S_m はアーベル群ではない．

で定める．この値は ± 1 となり，任意の $\sigma, \tau \in S_m$ に対し，

$$\mathrm{sign}(\sigma \circ \tau) = \mathrm{sign}(\sigma) \cdot \mathrm{sign}(\tau) \tag{2.8}$$

が成り立つ．

証明##　$\sigma \in S_m$ とすると，i, j が X_m の相異なる元全体を動くとき，$\sigma(i)$, $\sigma(j)$ も相異なる X_m の元全体を動く．よって

$$\prod_{1 \leqq i,j \leqq m, i \neq j} (i-j) = \prod_{1 \leqq i,j \leqq m, i \neq j} (\sigma(i) - \sigma(j))$$

となる．また

$$\prod_{1 \leqq i,j \leqq m, i \neq j} (i-j) = \prod_{1 \leqq i<j \leqq m} (i-j)(j-i) = \prod_{1 \leqq i<j \leqq m} (-1)(i-j)^2$$

となる．同様にして，

$$\prod_{1 \leqq i,j \leqq m, i \neq j} (\sigma(i) - \sigma(j)) = \prod_{1 \leqq i<j \leqq m} (-1)(\sigma(i) - \sigma(j))^2$$

となる．よって

$$\prod_{1 \leqq i<j \leqq m} (i-j)^2 = \prod_{1 \leqq i<j \leqq m} (\sigma(i) - \sigma(j))^2$$

となる．よって $\mathrm{sign}(\sigma)^2 = 1$ となり，$\mathrm{sign}(\sigma) = \pm 1$ となる．また，

$$\begin{aligned}\mathrm{sign}(\sigma \circ \tau) &= \prod_{1 \leqq i<j \leqq m} \frac{\sigma(\tau(i)) - \sigma(\tau(j))}{i-j} \\ &= \prod_{1 \leqq i<j \leqq m} \frac{\sigma(\tau(i)) - \sigma(\tau(j))}{\tau(i) - \tau(j)} \cdot \frac{\tau(i) - \tau(j)}{i-j} \\ &= \prod_{1 \leqq i<j \leqq m} \frac{\sigma(\tau(i)) - \sigma(\tau(j))}{\tau(i) - \tau(j)} \cdot \mathrm{sign}(\tau)\end{aligned}$$

であるが，$\dfrac{\sigma(\tau(i)) - \sigma(\tau(j))}{\tau(i) - \tau(j)} = \dfrac{\sigma(\tau(j)) - \sigma(\tau(i))}{\tau(j) - \tau(i)}$ に注意すると，

$$\prod_{1 \leqq i<j \leqq m} \frac{\sigma(\tau(i)) - \sigma(\tau(j))}{\tau(i) - \tau(j)} = \prod_{1 \leqq \tau(i)<\tau(j) \leqq m} \frac{\sigma(\tau(i)) - \sigma(\tau(j))}{\tau(i) - \tau(j)} = \mathrm{sign}(\sigma)$$

となる．よって

$$\mathrm{sign}(\sigma \circ \tau) = \mathrm{sign}(\sigma) \cdot \mathrm{sign}(\tau) \tag{2.9}$$

が成り立つ. （証明終り）

例 2.3 $(i, j)\,(i < j)$ を $i \in X_m$ と $j \in X_m$ の互換とする．このとき，

$$\mathrm{sign}(i, j) = -1 \tag{2.10}$$

となる．ところが，S_m の任意の元 σ が幾つかの互換の積にかけることは容易に分かるから，$\sigma \in S_m$ が互換の偶数個または奇数個の積にかけるときに応じ，$\mathrm{sign}(\sigma) = 1$ または -1 となることが分かる．

(2.10) の証明##

$$\mathrm{sign}(i, j) = \prod_{1 \leqq k < \ell \leqq m} \frac{(i, j)(k) - (i, j)(\ell)}{k - \ell}$$

において $k, \ell \neq i, j$ なら

$$\frac{(i, j)(k) - (i, j)(\ell)}{k - \ell} = \frac{k - \ell}{k - \ell} = 1$$

となる．また，k, ℓ の一方のみが i または j となるものは，のこりを h で表すと，

$$\frac{(i, j)(i) - (i, j)(h)}{i - h} = \frac{(i, j)(h) - (i, j)(i)}{h - i} = \frac{j - h}{i - h},$$

$$\frac{(i, j)(j) - (i, j)(h)}{j - h} = \frac{(i, j)(h) - (i, j)(j)}{h - j} = \frac{i - h}{j - h}$$

となるから，

$$= 1 \cdot \left(\prod_{1 \leqq h \leqq m, h \neq i, j} \frac{j - h}{i - h} \cdot \frac{i - h}{j - h} \right) \cdot \frac{(i, j)(i) - (i, j)(j)}{i - j} = \frac{j - i}{i - j} = -1$$

となる． （証明終り） □

演習問題

1 S_m を m 次対称群とする．このとき，

(1) 任意の置換 $\sigma \in S_m$ は互換の積に表されることを示せ．

(2) S_m の元の個数は $m!$ であることを示せ．

（ヒント） m に関する帰納法を使う．$\sigma(m) = i$ となる i を取り，$\tau = (i, m) \circ \sigma$ と置くと，$\tau \in S_m$ は $\tau(m) = (i, m) \circ \sigma(m) = (i, m)(m) = m$ をみたし，$\{1, 2, \ldots, m-1\}$ の置換を引き起こす．

2.2 行列式の定義

以上の準備の下で，我々は次の定理を使って**行列式**を定義する：

定理 2.1 m 個の長さ m のベクトルに対し実数を対応させる写像

$$D : (M_{m,1}(\mathbb{R}))^m = \overbrace{\mathbb{R}^m \times \cdots \times \mathbb{R}^m}^{m} \longrightarrow \mathbb{R} \tag{2.11}$$

で次の (D0), (D1), (D2), (D3) をみたすものが唯一つ存在する．

(D0) D は $\boldsymbol{a}_1, \cdots, \boldsymbol{a}_m$ の成分の多項式で与えられる；

(D1) D は**多重線形**である．つまり，$c, c' \in \mathbb{R}$ を任意の実数，$\boldsymbol{a}_i, \boldsymbol{a}'_i \in M_{m,1}(\mathbb{R}) = \mathbb{R}^m$ を任意の長さ m のベクトルとするとき，次が成り立つ．

$$D(\cdots, c \cdot \boldsymbol{a}_i + c' \cdot \boldsymbol{a}'_i, \cdots) = c \cdot D(\cdots, \boldsymbol{a}_i, \cdots) + c' \cdot D(\cdots, \boldsymbol{a}'_i, \cdots); \tag{2.12}$$

(D2) D は交代的である．つまり，$1 \leqq i, j \leqq m$, $i \neq j$ のとき，次が成り立つ．

$$D(\cdots, \boldsymbol{a}_i, \cdots, \boldsymbol{a}_j, \cdots) = -D(\cdots, \boldsymbol{a}_j, \cdots, \boldsymbol{a}_i, \cdots); \tag{2.13}$$

(D3) $\{\boldsymbol{e}_1, \cdots, \boldsymbol{e}_m\}$ が $\mathbb{R}^m$ の標準基底なら，次が成り立つ．

$$D(\boldsymbol{e}_1, \cdots, \boldsymbol{e}_m) = 1. \tag{2.14}$$

定義 2.4 正方行列の行列式 $|\ \ | : M_m(\mathbb{R}) \ni A \longmapsto |A| \in \mathbb{R}$ を

$$\begin{vmatrix} a_{11} & a_{12} & \cdots & a_{1m} \\ \vdots & \vdots & \cdots & \vdots \\ a_{21} & a_{22} & \cdots & a_{2m} \\ a_{m1} & a_{m2} & \cdots & a_{mm} \end{vmatrix} = D\left(\begin{pmatrix} a_{11} \\ \vdots \\ a_{m1} \end{pmatrix}, \cdots, \begin{pmatrix} a_{1m} \\ \vdots \\ a_{mm} \end{pmatrix}\right) \tag{2.15}$$

で定義する．我々は，$|A|$ を $\det(A)$ とも表す[3]．

注意 2.3 以下，我々は行列 $A = (a_{ij}) \in M_m(\mathbb{R})$ と列ベクトルの集まりを

$$\begin{pmatrix} a_{11} & a_{12} & \cdots & a_{1m} \\ \vdots & \vdots & \cdots & \vdots \\ a_{21} & a_{22} & \cdots & a_{2m} \\ a_{m1} & a_{m2} & \cdots & a_{mm} \end{pmatrix} = \left(\begin{pmatrix} a_{11} \\ \vdots \\ a_{m1} \end{pmatrix}, \cdots, \begin{pmatrix} a_{1m} \\ \vdots \\ a_{mm} \end{pmatrix} \right)$$

と同一視する．これにより，行列式 $\det(A)$ を，行列 A における (D0), (D1), (D2), (D3) をみたす関数 D の値と思う．

例 2.4# $m = 2$ の場合を具体的に調べる．

$$A = \begin{pmatrix} a_{11} & a_{12} \\ a_{21} & a_{22} \end{pmatrix} = \left(\begin{pmatrix} a_{11} \\ a_{21} \end{pmatrix}, \begin{pmatrix} a_{12} \\ a_{22} \end{pmatrix} \right)$$

とし，$D(A)$ を $a_{11}, a_{12}, a_{21}, a_{22}$ の多項式と考える．$D(A)$ は多重線形だから，$j = 1, 2$ に対して，$D(A)$ の各項は a_{1j}, a_{2j} のどちらかを丁度一つ含む．したがって，$D(A)$ は $a_{11}, a_{12}, a_{21}, a_{22}$ の 2 次式であり，$a_{11}a_{21}, a_{12}a_{22}$ を含む項はない．また交代的だから，第 1 列と第 2 列を入れ替えると符号を変える．よって，$a_{11}a_{12}, a_{21}a_{22}$ の係数は 0 となり，$D(A) = c(a_{11}a_{22} - a_{12}a_{21})\ (c \in \mathbb{R})$ の形となる．さらに (D3) をみたすから，$c(1 \cdot 1 - 0 \cdot 0) = c = 1$ となり，

$$D(A) = a_{11}a_{22} - a_{12}a_{21}$$

となる．これが (D0), (D1), (D2), (D3) をみたすことは容易に確かめられる．□

定理 2.1 の証明# 我々はまず，$\boldsymbol{a}_i = \boldsymbol{a}_j$ なら，(D2) により，

$$D(\cdots, \boldsymbol{a}_i, \cdots, \boldsymbol{a}_i, \cdots) = -D(\cdots, \boldsymbol{a}_i, \cdots, \boldsymbol{a}_i, \cdots)$$

が成り立つことに注意する．したがって，(D2) は

$$\text{(D4)} \quad D(\cdots, \boldsymbol{a}_i, \cdots, \boldsymbol{a}_i, \cdots) = 0. \tag{2.16}$$

を意味する．

$\boldsymbol{a}_j\ (j = 1, \ldots, m)$ を任意の $\mathbb{R}^m$ の元とすると，

---

[3] $|A|$ という記号は，数 A の絶対値や集合の元の個数を表すこともある．我々は，$|A|$ を $\det(A)$ と表すことにより，行列式 (determinant) であることを分かりやすくする．

$$\boldsymbol{a}_j = \sum_{i=1}^{m} a_{ij} \cdot \boldsymbol{e}_i \ (a_{ij} \in \mathbb{R}).$$

と表すことができる．ここで D は多重線形だから，

$$D(\boldsymbol{a}_1, \cdots, \boldsymbol{a}_m) = \sum_{i_1,\ldots,i_m=1}^{m} a_{i_1 1} \cdots a_{i_m m} \cdot D(\boldsymbol{e}_{i_1}, \cdots, \boldsymbol{e}_{i_m})$$

となる．ここで (D4) を使うと，もし $\{\boldsymbol{e}_{i_1}, \ldots, \boldsymbol{e}_{i_m}\}$ が $\{\boldsymbol{e}_1, \ldots, \boldsymbol{e}_m\}$ と（順序の差を除き）一致しないなら，どれか $\boldsymbol{e}_i$ がだぶって現れるから，$D(\boldsymbol{e}_{i_1}, \cdots, \boldsymbol{e}_{i_m}) = 0$ となる．よって $\{i_1, \ldots, i_m\} = \{1, \ldots, m\}$ と仮定してよい．そこで置換 $\sigma \in S_m$ を j を i_j $(1 \leqq j \leqq m)$ に写す元だとする．このとき，(D2) により，

$$D(\boldsymbol{e}_{i_1}, \cdots, \boldsymbol{e}_{i_m}) = D(\boldsymbol{e}_1, \cdots, \boldsymbol{e}_m) \cdot \mathrm{sign}(\sigma)$$

と書ける．よって (D3) により，

$$\text{(D5)} \quad D(\boldsymbol{a}_1, \cdots, \boldsymbol{a}_m) = \sum_{\sigma \in S_m} \mathrm{sign}(\sigma) \cdot a_{\sigma(1)1} \cdots a_{\sigma(m)m}. \tag{2.17}$$

となる．これで (D1), (D2), (D3) をみたす関数の一意性が証明できた．

存在を示すために，D を (D5) で定義する．このとき，D が (D1), (D2), (D3) をみたすことは，上の議論の逆をたどって確認できる． （**証明終り**）

注意 2.4 定理の証明から，もし E が (D1) と (D2) をみたすなら，

$$\text{(D6)} \quad E(\boldsymbol{a}_1, \cdots, \boldsymbol{a}_m) = E(\boldsymbol{e}_1, \cdots, \boldsymbol{e}_m) \cdot D(\boldsymbol{a}_1, \cdots, \boldsymbol{a}_m) \tag{2.18}$$

となることが分かる．

注意 2.5 行列式の性質をまとめておく[4]．先ず，(D1) と (D2) より，

(1) 行列式は，列について多重線形である．とくに，行列式のある列を c 倍 $(c \in \mathbb{R})$ すると，行列式は c 倍される．

(2) 行列式は，2 つの列を入れ替えると符号が変わる．

また，(D1) と (D4) より，$i \neq j,\ c \in \mathbb{R}$ とすると，

$$\begin{aligned} D(\cdots, \boldsymbol{a}_i, \cdots, \boldsymbol{a}_j + c\boldsymbol{a}_i, \cdots) &= D(\cdots, \boldsymbol{a}_i, \cdots, \boldsymbol{a}_j, \cdots) + c \cdot D(\cdots, \boldsymbol{a}_i, \cdots, \boldsymbol{a}_i, \cdots) \\ &= D(\cdots, \boldsymbol{a}_i, \cdots, \boldsymbol{a}_j, \cdots) \end{aligned}$$

となる．したがって，

(3) 行列のある列に別の列の定数倍を加えても，行列式の値は変わらない．

---

[4] ここに書いた 3 つの命題と，行についての対応する命題と合わせたものが，定理 2.4 である．

例 2.5 $m=2$, $A=(a_{ij})$ とする．このとき，$S_2=\{\mathrm{id},(1,2)\}$ だから，

$$\begin{vmatrix} a_{11} & a_{12} \\ a_{21} & a_{22} \end{vmatrix} = \mathrm{sign}(\mathrm{id})a_{\mathrm{id}(1)1}a_{\mathrm{id}(2)2} + \mathrm{sign}((1,2))a_{(1,2)(1)1}a_{(1,2)(2)2}$$
$$= a_{11}a_{22} - a_{21}a_{12} \tag{2.19}$$

となる．$m=3$ の場合にも，$S_3=\{\mathrm{id},(1,2),(2,3),(3,1),(1,2,3),(1,2,3)^{-1}=(1,3,2)\}$ だから，次の様になる（サラスの公式，図 2.1）：

$$\begin{vmatrix} a_{11} & a_{12} & a_{13} \\ a_{21} & a_{22} & a_{23} \\ a_{31} & a_{32} & a_{33} \end{vmatrix} = a_{11}a_{22}a_{33} + a_{12}a_{23}a_{31} + a_{13}a_{21}a_{32}$$
$$- a_{11}a_{23}a_{32} - a_{12}a_{21}a_{33} - a_{13}a_{22}a_{31} \tag{2.20}$$

□

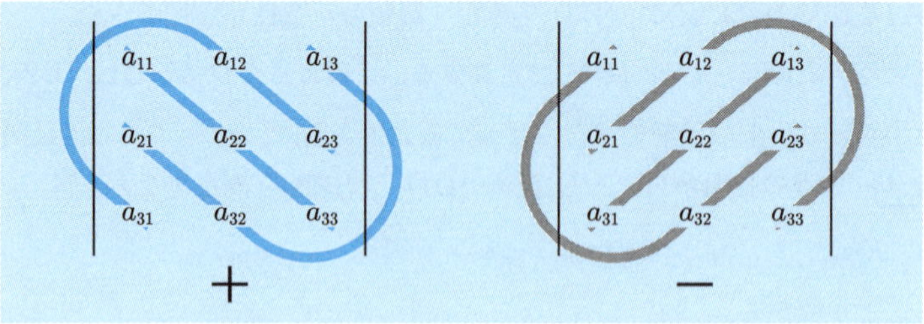

図 2.1

例 2.6 $1 \leqq n < m$ とし，行列 $A=(a_{ij}) \in M_m(\mathbb{R})$ は $n < i, j \leqq n$ のとき $a_{ij}=0$ となるとする．したがって，

$$A = \begin{pmatrix} A_1 & A_{12} \\ 0 & A_2 \end{pmatrix} \quad (A_1 \in M_n(\mathbb{R}), A_{12} \in M_{n,m-n}(\mathbb{R}), A_2 \in M_{m-n}(\mathbb{R}))$$

となるとする．このとき，

$$\det \begin{pmatrix} A_1 & A_{12} \\ 0 & A_2 \end{pmatrix} = \det(A_1) \cdot \det(A_2) \tag{2.21}$$

となる．

(2.21) の証明[#] この行列 A に対する公式 (D5) において，$i>n, j\leqq n$ のとき $a_{ij}=0$ であるから，和 $1\leqq j\leqq n$ なら $\sigma(j)\leqq n$ となる S_m の元 σ に制限できる．ところでこのような元 $\sigma\in S_m$ は $\sigma_1\in S_n$ と $\sigma_2\in S_{m-n}$ を使って $\sigma_1\cdot\sigma_2$ と書け，$\mathrm{sign}(\sigma)=\mathrm{sign}(\sigma_1)\cdot\mathrm{sign}(\sigma_2)$ をみたす．よって，

$$\begin{aligned}
\det(A) &= \\
&\sum_{\sigma_1\in S_n}\sum_{\sigma_2\in S_{m-n}} \mathrm{sign}(\sigma_1)\,\mathrm{sign}(\sigma_2)\,a_{\sigma_1(1)1}\cdots a_{\sigma_1(n)n}\,a_{\sigma_2(n+1)n+1}\cdots a_{\sigma_2(m)m} \\
&= \sum_{\sigma_1\in S_n}\mathrm{sign}(\sigma_1)a_{\sigma_1(1)1}\cdots a_{\sigma_1(n)n}\sum_{\sigma_2\in S_{m-n}}\mathrm{sign}(\sigma_2)a_{\sigma_2(n+1)n+1}\cdots a_{\sigma_2(m)m} \\
&= \det(A_1)\cdot\det(A_2)
\end{aligned}$$

となる． （証明終り）

行列 $A=(a_{ij})$ が $i>j$ のとき $a_{ij}=0$ をみたすとき，A を**上半三角行列**と呼ぶ．A が上半三角行列なら，帰納法により，A の行列式は対角部分の元の積となることが分かる：

$$\begin{vmatrix}
a_{11} & a_{12} & a_{13} & \cdots & a_{1(m-1)} & a_{1m} \\
0 & a_{22} & a_{23} & \cdots & a_{2(m-1)} & a_{2m} \\
0 & 0 & a_{33} & \cdots & a_{3(m-1)} & a_{3m} \\
\vdots & \vdots & \vdots & \vdots & \vdots & \vdots \\
0 & 0 & 0 & \cdots & a_{(m-1)(m-1)} & a_{(m-1)m} \\
0 & 0 & 0 & \cdots & 0 & a_{mm}
\end{vmatrix}$$

$$= a_{11}\cdot a_{22}\cdot a_{33}\cdots a_{(m-1)(m-1)}\cdot a_{mm}. \tag{2.22}$$

□

2.3 行列式の性質

$A=(a_{ij}), B=(b_{ij})\in M_m(\mathbb{R})$ を m 次正方行列とし，$\boldsymbol{a}_1,\ldots,\boldsymbol{a}_m$ と $\boldsymbol{b}_1,\ldots,\boldsymbol{b}_m$ を A と B から作られる列ベクトルの全体とする．このとき，

$$\det(A \cdot B) = D(A \cdot \boldsymbol{b}_1, \cdots, A \cdot \boldsymbol{b}_m)$$

は $(\boldsymbol{b}_1, \ldots, \boldsymbol{b}_m)$ の関数として (D1) と (D2) をみたす．よって (D6) により，

$$\begin{aligned} D(A \cdot \boldsymbol{b}_1, \cdots, A \cdot \boldsymbol{b}_m) &= D(A \cdot \boldsymbol{e}_1, \cdots, A \cdot \boldsymbol{e}_m) \cdot D(\boldsymbol{b}_1, \cdots, \boldsymbol{b}_m) \\ &= D(\boldsymbol{a}_1, \cdots, \boldsymbol{a}_m) \cdot D(\boldsymbol{b}_1, \cdots, \boldsymbol{b}_m) = \det(A) \cdot \det(B) \end{aligned}$$

となる．よって，次の定理が得られる．

定理 2.2 $A, B \in M_m(\mathbb{R})$ を m 次正方行列とすると，次が成り立つ：

$$\det(A \cdot B) = \det(A) \cdot \det(B). \tag{2.23}$$

例 2.7

$$A = \begin{pmatrix} 1 & 2 \\ 3 & 4 \end{pmatrix}, \qquad B = \begin{pmatrix} 5 & 6 \\ 7 & 8 \end{pmatrix}$$

とする．このとき

$$A \cdot B = \begin{pmatrix} 1 \cdot 5 + 2 \cdot 7 & 1 \cdot 6 + 2 \cdot 8 \\ 3 \cdot 5 + 4 \cdot 7 & 3 \cdot 6 + 4 \cdot 8 \end{pmatrix} = \begin{pmatrix} 19 & 22 \\ 43 & 50 \end{pmatrix}$$

であるから，

$$\det(A) = 1 \cdot 4 - 2 \cdot 3 = -2, \quad \det(B) = 5 \cdot 8 - 6 \cdot 7 = -2,$$

$$\det(A \cdot B) = 19 \cdot 50 - 22 \cdot 43 = 4$$

だから $\det(A \cdot B) = \det(A) \cdot \det(B)$ となっている． □

系 2.1 $A \in M_m(\mathbb{R})$ の逆行列 A^{-1} が存在するとし，$A \cdot A^{-1} = E_m$ とする．このとき，$\det(A) \neq 0$ であり，

$$\det(A^{-1}) = \det(A)^{-1} \tag{2.24}$$

となる[5]．

---

5 一般の環 R 上では，A が逆行列 A^{-1} を持てば，$\det(A) \in R$ も逆元 $\det(A)^{-1}$ を持つ．

【証明】 定理より，$\det(A)\cdot\det(A^{-1}) = \det(E_m) = 1$ となる．よって $\det(A) \neq 0$ であり，

$$\det(A^{-1}) = \det(A)^{-1}$$

となる．（証明終り）

定理 2.3 任意の $A \in M_m(\mathbb{R})$ に対し，A の転置行列 ${}^tA$ の行列式は A の行列式に等しい．つまり，

$$\det({}^tA) = \det(A) \tag{2.25}$$

が成り立つ．

証明# $A = (a_{ij}) \in M_m(\mathbb{R})$, ${}^tA$ を定理の通りとする．$\boldsymbol{a}'_1, \ldots, \boldsymbol{a}'_m$ を ${}^tA$ から作られる列ベクトル全体とする．このとき，${}^t\boldsymbol{a}'_1, \ldots, {}^t\boldsymbol{a}'_m$ は A から作られる行ベクトル全体となる．そこで

$$\boldsymbol{a}'_i = \sum_{j=1}^{m} a_{ji}\boldsymbol{e}_j$$

と書けるが，

$$\det({}^tA) = D(\boldsymbol{a}'_1, \cdots, \boldsymbol{a}'_m) = \sum_{\sigma \in S_m} \mathrm{sign}(\sigma)\cdot a_{1\sigma(1)}\cdots a_{m\sigma(m)}$$

となる．ここで $\tau = \sigma^{-1}$ とおくと，$\sigma \circ \tau = \mathrm{id}$ だから $\mathrm{sign}(\sigma) = \mathrm{sign}(\tau)$，かつ $a_{1\sigma(1)}\cdots a_{m\sigma(m)} = a_{\tau(1)1}\cdots a_{\tau(m)m}$ が成り立つ．よって

$$\det({}^tA) = \sum_{\tau \in S_m} \mathrm{sign}(\tau)\cdot a_{\tau(1)1}\cdots a_{\tau(m)m} = \det(A)$$

となる．（証明終り）

定理 2.3 より，行列式 $\det(A)$ を A の列ベクトルではなく A の行ベクトル $\boldsymbol{a}'_1, \ldots, \boldsymbol{a}'_m$ を使っても定義できることが分かる．とくに，(D1), (D2) に対応する行ベクトルに関する命題 (D1)’（多重線形性），(D2)’（交代性）が成り立つ．よって，注意 2.5 より，次の定理が得られる．

定理 2.4 (1) 行列式は，行と列について多重線形である．とくに，行列式のある行または列を c 倍 ($c \in \mathbb{R}$) すると，行列式も c 倍される．

(2) 行列式は，2つの行または列を入れ替えると符号が変わる．

(3) 行列式は，ある行または列に別の行または列の定数倍を加えても変わらない．

例 2.8 定理 2.4 を使って行列式を計算する．

$$\begin{vmatrix} 1 & 2 & 3 \\ 4 & 5 & 6 \\ 7 & 8 & 9 \end{vmatrix}$$

において，第2行から第1行の4倍を引き，第3行から第1行の7倍を引くと，

$$= \begin{vmatrix} 1 & 2 & 3 \\ 0 & -3 & -6 \\ 0 & -6 & -12 \end{vmatrix}$$

となるが，これは例 2.6 と例 2.5 より，

$$= 1 \cdot \begin{vmatrix} -3 & -6 \\ -6 & -12 \end{vmatrix} = \begin{vmatrix} -3 & -6 \\ -6 & -12 \end{vmatrix} = (-3) \cdot (-12) - (-6) \cdot (-6) = 0$$

となる．この場合には，第3行から第2行を引き，第2行から第1行を引き，

$$\begin{vmatrix} 1 & 2 & 3 \\ 4 & 5 & 6 \\ 7 & 8 & 9 \end{vmatrix} = \begin{vmatrix} 1 & 2 & 3 \\ 3 & 3 & 3 \\ 3 & 3 & 3 \end{vmatrix}$$

とし，第2行と第3行が等しいから，0 であるとしてもよい． □

例 2.9 $A, B \in M_m(\mathbb{R})$ とするとき，次が成り立つ．

$$\begin{vmatrix} A & B \\ B & A \end{vmatrix} = \det(A+B) \cdot \det(A-B).$$

証明 行列のある行に別の行の定数倍を加えても行列式は変わらないから，

$$\begin{vmatrix} A & B \\ B & A \end{vmatrix} = \begin{vmatrix} A & B \\ A+B & A+B \end{vmatrix}$$

となる．また，行列のある列に別の列の定数倍を加えても行列式は変わらないから，

$$\begin{vmatrix} A & B \\ A+B & A+B \end{vmatrix} = \begin{vmatrix} A-B & B \\ 0 & A+B \end{vmatrix}$$

となる．この行列式は，例 2.6 より，

$$\begin{vmatrix} A-B & B \\ 0 & A+B \end{vmatrix} = \det(A-B)\cdot\det(A+B)$$

に等しい． （証明終り） □

定義 2.5 $A=(a_{ij})\in M_m(\mathbb{R})$ を m 次正方行列とし，$\boldsymbol{a}_1,\ldots,\boldsymbol{a}_m$ を A から作られる列ベクトルの全体とする．i,j を $1\leqq i,j\leqq m$ をみたす整数とし，$\boldsymbol{e}_i$ を i 成分のみが 1 で，残りの成分が 0 の列ベクトルとする．そこで $D:\mathbb{R}^m\times\cdots\times\mathbb{R}^m\longrightarrow\mathbb{R}$ を行列式を定義するときに使われた関数とし，$D(\boldsymbol{a}_1,\ldots,\boldsymbol{a}_m)$ のうち $\boldsymbol{a}_j$ を $\boldsymbol{e}_i$ で置き換えて

$$\Delta_{ij}=D(\boldsymbol{a}_1,\boldsymbol{a}_2,\cdots,\overset{\overset{j}{\downarrow}}{\boldsymbol{e}_i},\cdots,\boldsymbol{a}_m) \tag{2.26}$$

を作る．我々はこの行列式 Δ_{ij} を (i,j) **余因子**と呼ぶ．

A から第 j 行と第 j 行を取り除いてできるサイズが $m-1$ の行列を $A^{(ij)}$ とおく．このとき，次の命題が成り立つ．

命題 2.1

$$\Delta_{ij}=(-1)^{i+j}\cdot\det\left(A^{(i,j)}\right) \tag{2.27}$$

である．

証明# Δ_{ij} においては，j 列は第 i 成分が 1 で残りの成分はすべて 0 だから，この列の a_{ik} 倍を第 k 列 $(k \neq i)$ から引くことにより，行列式の値を変えずに $a_{ik} = 0$ とできる．よって，第 i 行においては，j 番目が 1 でそれ以外は 0 であると仮定してもよい．

そこで，Δ_{ij} の第 i 行を第 1 行に移し，第 j 列を第 1 列に移すと，行列式

$$\begin{vmatrix} 1 & 0 \\ 0 & A^{(i,j)} \end{vmatrix} = \left|A^{(i,j)}\right| = \det(A^{(i,j)})$$

ができる．また，行列式の性質 (D2) により，このことを行うと符号が $(-1)^{i-1}(-1)^{j-1} = (-1)^{i+j}$ だけ変わる．よって命題が成り立つ． （証明終り）

例 2.10

$$A = \begin{pmatrix} 1 & 2 & 3 \\ 4 & 5 & 6 \\ 7 & 8 & 9 \end{pmatrix}$$

とする．このとき A の $(2,2)$ 余因子と $(1,3)$ 余因子は

$$\begin{vmatrix} 1 & 0 & 3 \\ 4 & 1 & 6 \\ 7 & 0 & 9 \end{vmatrix} = (-1)^{2+2}\begin{vmatrix} 1 & 3 \\ 7 & 9 \end{vmatrix} \quad と \quad \begin{vmatrix} 1 & 2 & 1 \\ 4 & 5 & 0 \\ 7 & 8 & 0 \end{vmatrix} = (-1)^{1+3}\begin{vmatrix} 4 & 5 \\ 7 & 8 \end{vmatrix}$$

となる． □

余因子を使うと次の定理が成り立つ．

定理 2.5 $A = (a_{ij})$ の行列式は

$$\det(A) = \sum_{i=1}^{m} a_{ij}\Delta_{ij}. = \sum_{j=1}^{m} a_{ij}\Delta_{ij} \tag{2.28}$$

と表せる．さらに

$$A \cdot^t (\Delta_{ij}) = \det(A) \cdot E_m =^t (\Delta_{ij}) \cdot A \tag{2.29}$$

が成り立つ[6]．

6 この定理は，系の形で使われることが多い．

証明# D の性質より，

$$a_{ij} \cdot \Delta_{ij} = \sum_{\sigma \in S_m, \sigma(j)=i} \mathrm{sgn}(\sigma) \cdot a_{\sigma(1)1} \cdots a_{\sigma(m)m} \tag{2.30}$$

となる．よって，$i=1$ から m までの和を取り，

$$\begin{aligned}\det(A) &= \sum_{\sigma \in S_m} \mathrm{sgn}(\sigma) \cdot a_{\sigma(1)1} \cdots a_{\sigma(m)m} \\ &= \sum_{i=1}^{m} \sum_{\sigma \in S_m, \sigma(j)=i} \mathrm{sgn}(\sigma) \cdot a_{\sigma(1)1} \cdots a_{\sigma(m)m} = \sum_{i=1}^{m} a_{ij}\Delta_{ij}\end{aligned}$$

を得る．

同様に，k が $1 \leqq k \leqq m$ をみたし $k \neq j$ なら，(D4) から

$$\sum_{i=1}^{m} a_{ik}\Delta_{ij} = D(\cdots, \overset{j}{\check{\boldsymbol{a}}}_k \ldots \overset{k}{\check{\boldsymbol{a}}}_k, \ldots) = 0 \tag{2.31}$$

となる．したがって，

$$\left(\sum_{\ell=1}^{m} a_{\ell i}\Delta_{\ell j}\right) = \det(A) \cdot E_m$$

を得る．列ベクトルを行ベクトルで置き換えて同様の議論をすると，

$$\det(A) = \sum_{j=1}^{m} a_{ij}\Delta_{ij} \qquad \text{と} \qquad \left(\sum_{\ell=1}^{m} a_{i\ell}\Delta_{j\ell}\right) = \det(A) \cdot E_m$$

を得る． （証明終り）

系 2.2 定理より，行に関する**行列式の展開**

$$\det(A) = \sum_{i=1}^{m} a_{ij}(-1)^{i+j}\det\left(A^{(i,j)}\right), \tag{2.32}$$

および，列に関する**行列式の展開**

$$\det(A) = \sum_{j=1}^{m} a_{ij}(-1)^{i+j}\det\left(A^{(i,j)}\right) \tag{2.33}$$

が成り立つ[7]．

---

7 これらの展開を使うと，サイズが m の正方行列の行列式の計算が，サイズが一つ小さな $m-1$ の行列式 m 個の計算に帰着できる．

系 2.3 $A \in M_m(\mathbb{R})$ が $\det(A) \neq 0$ をみたすとする．このとき，A の逆行列 A^{-1} が存在し，

$$A^{-1} = \left(\frac{\Delta_{ji}}{\det(A)} \right) \tag{2.34}$$

と表せる[8]．

例 2.11 第1行に関する展開 $\det(A) = \sum_j a_{1j}\Delta_{1j}$ を使うと，

$$\begin{vmatrix} 1 & 1 & 0 & 0 \\ 0 & 2 & 2 & 0 \\ 0 & 0 & 3 & 3 \\ 4 & 0 & 0 & 4 \end{vmatrix} = 1 \cdot \Delta_{11} + 1 \cdot \Delta_{12} = \begin{vmatrix} 2 & 2 & 0 \\ 0 & 3 & 3 \\ 0 & 0 & 4 \end{vmatrix} - \begin{vmatrix} 0 & 2 & 0 \\ 0 & 3 & 3 \\ 4 & 0 & 4 \end{vmatrix}$$

となる．ここで右辺の1番目の行列式は第3行では0でないものが1つしかないことに注目し，また右辺の2番目の行列式は第1行では0でないものが1つしかないことに注目し，同じ公式を使うと，

$$= 4 \cdot \begin{vmatrix} 2 & 2 \\ 0 & 3 \end{vmatrix} - (-2) \begin{vmatrix} 0 & 3 \\ 4 & 4 \end{vmatrix} = 4 \cdot (2 \cdot 3) + 2(-3 \cdot 4) = 12 - 12 = 0$$

となる． □

例 2.12 3次の正方行列を第1行に関して展開すると，次の様になる．

$$\begin{vmatrix} a_{11} & a_{12} & a_{13} \\ a_{21} & a_{22} & a_{23} \\ a_{31} & a_{32} & a_{33} \end{vmatrix} = a_{11} \begin{vmatrix} a_{22} & a_{23} \\ a_{32} & a_{33} \end{vmatrix} - a_{12} \begin{vmatrix} a_{21} & a_{23} \\ a_{31} & a_{33} \end{vmatrix} + a_{13} \begin{vmatrix} a_{21} & a_{22} \\ a_{31} & a_{32} \end{vmatrix}$$

$$= a_{11}(a_{22}a_{33} - a_{23}a_{32}) - a_{12}(a_{21}a_{33} - a_{23}a_{31}) + a_{13}(a_{21}a_{32} - a_{22}a_{31})$$

$$= a_{11}a_{22}a_{33} + a_{12}a_{23}a_{31} + a_{13}a_{21}a_{32} - a_{11}a_{23}a_{32} - a_{12}a_{21}a_{33} - a_{13}a_{22}a_{31}$$

□

---

8 一般の環 R 上で，$\det(A) \in R$ が逆元 $\det(A)^{-1}$ を持つとき，A は逆行列を持つ．

演習問題

1 次の行列式を計算せよ．

$$\begin{vmatrix} 1 & 2 \\ 3 & 4 \end{vmatrix}, \quad \begin{vmatrix} 2 & 1 \\ 3 & 4 \end{vmatrix}, \quad \begin{vmatrix} 1 & 2 & 3 \\ 2 & 3 & 4 \\ 3 & 4 & 5 \end{vmatrix}, \quad \begin{vmatrix} 1 & 2 & 3 & 4 \\ 4 & 1 & 2 & 3 \\ 0 & 0 & 5 & 6 \\ 0 & 0 & 6 & 5 \end{vmatrix}, \quad \begin{vmatrix} 1 & 2 & 3 & 0 \\ 0 & 1 & 2 & 3 \\ 3 & 0 & 1 & 2 \\ 2 & 3 & 0 & 1 \end{vmatrix}$$

（ヒント）．サイズが 2 と 3 の場合には，定理 2.1 の直後の例 2.5 を使う．サイズが 4 以上の場合には，行または列での展開を使うか，例 2.6 などを使って計算する．

2 $A, B \in M_m(\mathbb{R})$ とするとき，次の等式が成り立つことを示せ．

$$\begin{vmatrix} A & -B \\ B & A \end{vmatrix} = \det(A + \sqrt{-1}B) \cdot \det(A - \sqrt{-1}B)$$

（ヒント）．$-1 = \sqrt{-1}^2$ である．例 2.9 を参照する．

3 次の等式（ファン・デル・モンド）を示せ[9]：

$$\begin{vmatrix} 1 & 1 & 1 & 1 \\ a & b & c & d \\ a^2 & b^2 & c^2 & d^2 \\ a^3 & b^3 & c^3 & d^3 \end{vmatrix} = (a-b)(a-c)(a-d)(b-c)(b-d)(c-d). \tag{2.35}$$

（ヒント） a, b, c, d のうち 2 つが等しいと，左辺の行列式は 0 となる（行列式の性質 (D4)）．そこで，左辺を a, b, c, d の多項式と見て因数定理を使う．最後に，両辺の $a^0b^1c^2d^3$ の係数を調べる．

4 平面の x 座標が相異なる 4 点 $\mathrm{P}_i = (x_i, y_i)\,(i = 1, 2, 3, 4)$ を与えたとき，この 4 点を通る 3 次曲線

$$C : y = a_0 + a_1x + a_2x^2 + a_3x^3\,(a_0, a_1, a_2, a_3 \in \mathbb{R})$$

が存在することを示せ．

（ヒント） 前問を使う．

5 次の等式を示せ（巡回行列式）[10]：

---

9 この結果は，行列のサイズを一般の自然数 n にしても成り立つ．

10 この結果も，行列のサイズを一般の自然数 m にしても成り立つ．

$$\begin{vmatrix} a & b & c & d \\ d & a & b & c \\ c & d & a & b \\ b & c & d & a \end{vmatrix} = \prod_{\zeta^4=1} (a + b\zeta + c\zeta^2 + d\zeta^3) \tag{2.36}$$

$$= (a+b+c+d)(a+bi+ci^2+di^3)(a-b+c-d)(a+b(-i)+c(-i)^2+d(-i)^3).$$

（ヒント） 第1列に第2列，第3列，第4列を加えると，第1列がすべて $a+b+c+d$ となる．右辺の他の因子も同様に作れる．

第3章

連立一次方程式と基本変形

本章以降では方程式を解くため割り算を使う．本章の結果は，実数 $\mathbb{R}$ 上でなくても，複素数 $\mathbb{C}$ などの様に，体であれば成り立つ．

3.1 連立一次方程式とクラメールの解法

この節では，連立一次方程式を行列式を使って解くクラメール（Gabriel Cramer）の方法を紹介する．クラメールの方法は，方程式と解の関係が非常に分かりやすく，解の性質を調べるのに適している．しかし，与えられた連立一次方程式から解を求める計算は，サイズが大きくなると計算量が急激に多くなる．そのため，第3節で紹介する掃き出し法を使う方が，遙かに効率的に計算できる．

我々は，変数 $x_1, \ldots, x_n$ についての次の形の連立一次方程式を考える：

$$\text{(SLE)} \qquad \begin{cases} a_{11}x_1 + \cdots + a_{1n}x_n = b_1 \\ a_{21}x_1 + \cdots + a_{2n}x_n = b_2 \\ \cdots\cdots\cdots \\ a_{m1}x_1 + \cdots + a_{mn}x_n = b_m \end{cases} \qquad (a_{ij}, b_j \in \mathbb{R}). \tag{3.1}$$

そこで

$$A = \begin{pmatrix} a_{11} & \cdots & a_{1n} \\ \vdots & \ldots & \vdots \\ a_{m1} & \cdots & a_{mn} \end{pmatrix} \in M_{m,n}(\mathbb{R}), \tag{3.2}$$

$$\boldsymbol{x} = \begin{pmatrix} x_1 \\ \vdots \\ x_n \end{pmatrix} \in \mathbb{R}^n, \qquad \boldsymbol{b} = \begin{pmatrix} b_1 \\ \vdots \\ b_m \end{pmatrix} \in \mathbb{R}^m \tag{3.3}$$

とおき，A を**係数行列**，b を**定数ベクトル**と呼ぶ．このとき，上の連立 1 次方程式 (SLE) は次の様に書ける：

$$(\mathrm{ME}) \qquad A \cdot \boldsymbol{x} = \boldsymbol{b}. \tag{3.4}$$

以下 $m = n$ で $A \in M_m(\mathbb{R})$ が可逆行列だとする．この場合には，この式 (ME) の左から A の逆行列 A^{-1} を掛けると，この方程式 (ME) の解が求まる：

$$\boldsymbol{x} = A^{-1} \cdot \boldsymbol{b}. \tag{3.5}$$

解 $\boldsymbol{x}$ を逆行列 A^{-1} を使わずに具体的に求めるため，$\boldsymbol{a}_1, \ldots, \boldsymbol{a}_m$ を行列 A を作るの列ベクトル全体とする：

$$A = (\boldsymbol{a}_1, \cdots, \boldsymbol{a}_m). \tag{3.6}$$

このとき，方程式 $A \cdot \boldsymbol{x} = \boldsymbol{b}$ は

$$(\mathrm{VE}) \qquad x_1\, \boldsymbol{a}_1 + \cdots + x_m\, \boldsymbol{a}_m = \boldsymbol{b} \tag{3.7}$$

と書ける．この式を行列式 $\det(A) = D(\boldsymbol{a}_1, \cdots, \boldsymbol{a}_i, \cdots, \boldsymbol{a}_m)$ の $\boldsymbol{a}_i$ に代入すると，

$$D(\,\boldsymbol{a}_1, \cdots, \overset{\overset{i}{\vee}}{\boldsymbol{b}}, \cdots, \boldsymbol{a}_m\,) = D(\,\boldsymbol{a}_1, \cdots, \overset{\overset{i}{\vee}}{\sum_{k=1}^{n}} x_k\, \boldsymbol{a}_k, \cdots, \boldsymbol{a}_m\,)$$

$$= \sum_{k=1}^{n} x_k\, D(\,\boldsymbol{a}_1, \cdots, \overset{\overset{i}{\vee}}{\boldsymbol{a}_k}, \cdots, \boldsymbol{a}_m\,)$$

となる．ここで行列式の性質 (D2) を使うと，

$$D(\boldsymbol{a}_1, \cdots, \overset{i}{\check{\boldsymbol{a}}_k}, \cdots, \boldsymbol{a}_m) = \begin{cases} \det(A) & \cdots k = i \text{ のとき} \\ 0 & \cdots k \neq i \text{ のとき} \end{cases}$$

となる．よって，

$$D(\boldsymbol{a}_1, \cdots, \overset{i}{\check{\boldsymbol{b}}}, \cdots, \boldsymbol{a}_m) = x_i\, D(\boldsymbol{a}_1, \cdots, \overset{i}{\check{\boldsymbol{a}}_i}, \cdots, \boldsymbol{a}_m) = x_i \cdot \det(A)$$

となる．ここで A が可逆だから，$\det(A) \neq 0$ である．よって

$$x_i = \frac{D(\boldsymbol{a}_1, \cdots, \overset{i}{\check{\boldsymbol{b}}}, \cdots, \boldsymbol{a}_m)}{\det(A)}$$

となる．よって次の定理が成り立つ：

定理 3.1 $A \in M_m(\mathbb{R})$ を可逆行列とし，$\boldsymbol{a}_1, \cdots, \boldsymbol{a}_m$ を A の列ベクトル全体 $A = (\boldsymbol{a}_1, \cdots, \boldsymbol{a}_m)$ とする．このとき，連立一次方程式

$$A \cdot \boldsymbol{x} = \boldsymbol{b} \tag{3.8}$$

の解は次式で与えられる（クラメール）：

$$\boldsymbol{x} = \begin{pmatrix} x_1 \\ \vdots \\ x_m \end{pmatrix}, \quad x_i = \frac{D(\boldsymbol{a}_1, \cdots, \overset{i}{\check{\boldsymbol{b}}}, \cdots, \boldsymbol{a}_m)}{\det(A)} \quad (1 \leqq i \leqq m). \tag{3.9}$$

例 3.1 連立 1 次方程式

$$\begin{cases} x + 2y + 3z = 10 \\ 2x + 3y + 4z = 16 \\ 3x + 4y + 2z = 19 \end{cases}$$

を考える．この連立 1 次方程式の係数行列式 A と定数ベクトル $\boldsymbol{b}$ は，

$$A = \begin{pmatrix} 1 & 2 & 3 \\ 2 & 3 & 4 \\ 3 & 4 & 2 \end{pmatrix}, \qquad \boldsymbol{b} = \begin{pmatrix} 10 \\ 16 \\ 19 \end{pmatrix},$$

であり，例 2.5 より，A の行列式は

$$1\cdot3\cdot2+2\cdot4\cdot3+3\cdot2\cdot4-1\cdot4\cdot4-2\cdot2\cdot2-3\cdot3\cdot3=6+24+24-16-8-27=3$$

となる．同様にして，

$$\begin{vmatrix} 10 & 2 & 3 \\ 16 & 3 & 4 \\ 19 & 4 & 2 \end{vmatrix} = 9, \quad \begin{vmatrix} 1 & 10 & 3 \\ 2 & 16 & 4 \\ 3 & 19 & 2 \end{vmatrix} = 6, \quad \begin{vmatrix} 1 & 2 & 10 \\ 2 & 3 & 16 \\ 3 & 4 & 19 \end{vmatrix} = 3$$

である．よって，クラメールの公式により，

$$x = \frac{9}{3} = 3, \ y = \frac{6}{3} = 2, \ z = \frac{3}{3} = 1$$

となる． □

例 3.2 x, y, z の 3 変数の 3 本の連立一次方程式

$$\begin{cases} ax + by + cz = u \\ dx + ey + fz = v \\ gx + hy + iz = w \end{cases}$$

をクラメールの公式で計算することを考える．このとき，3 行 3 列の行列の行列式を 4 つ計算する必要がある．また，各行列式は 6 個の項からなり，各項は 3 つの数の積となる．よって，各項を計算するには 2 回積を計算するから，合計で $4 \times 6 \times 2 = 48$ 回積を計算する．また，6 個の項の和を計算するから，合計で $4 \times 5 = 20$ 回和を計算する．さらに，3 回商を計算して，漸く連立方程式が解ける．積の計算は，同じ計算を何度も繰り返しているから，多少計算回数は減らせるが，いずれにしろ，クラメールの公式で解を求めるには，かなりな計算が必要となる． □

演習問題

1　次の連立一次方程式をクラメールの解法で解け．

$$\begin{cases} -x \phantom{{}+4y} + z = -3 \\ 2x + 4y + 3z = 5 \\ x + 2y - z = 5 \end{cases}$$

2 次の連立一次方程式をクラメールの解法で解け.

$$\begin{cases} x \qquad - z + 2w = 2 \\ -x + y + 2z \qquad = 2 \\ - y \qquad + w = 0 \\ 2y + z \qquad = 3 \end{cases}$$

3.2 初等行列と基本変形

連立一次方程式を解くためには，**加減法**を使って，変数の数を減らし解を求める方法がある．加減法は，クラメールの方法に比べ計算量が少なくてすむ．この節では，その様な方法を一般化するための行列に関する準備を行う．

A が (m,n) 型の行列なら，左から m 次正方行列 $B \in M_m(\mathbb{R})$ を掛け，右から n 次正方行列 $C \in M_n(\mathbb{R})$ を書けることができる．以下では，B, C として幾つかの基本的な行列を取り，与えられた行列 A を分かりやすい形に変形することを考える．

例 3.3

$$P = \begin{pmatrix} 0 & 1 \\ 1 & 0 \end{pmatrix}, \qquad Q = \begin{pmatrix} c & 0 \\ 0 & 1 \end{pmatrix}, \qquad R = \begin{pmatrix} 1 & c \\ 0 & 1 \end{pmatrix}$$

$(c \in \mathbb{R})$ とおく．このとき，

$$\begin{pmatrix} 0 & 1 \\ 1 & 0 \end{pmatrix} \cdot \begin{pmatrix} a_{11} & a_{12} \\ a_{21} & a_{22} \end{pmatrix} = \begin{pmatrix} a_{21} & a_{22} \\ a_{11} & a_{12} \end{pmatrix},$$

$$\begin{pmatrix} a_{11} & a_{12} \\ a_{21} & a_{22} \end{pmatrix} \cdot \begin{pmatrix} 0 & 1 \\ 1 & 0 \end{pmatrix} = \begin{pmatrix} a_{12} & a_{11} \\ a_{22} & a_{21} \end{pmatrix}$$

となる．よって P を左から掛けると行を入れ替え，P を右から掛けると列を入れ替える．

同様に，

$$\begin{pmatrix} c & 0 \\ 0 & 1 \end{pmatrix} \cdot \begin{pmatrix} a_{11} & a_{12} \\ a_{21} & a_{22} \end{pmatrix} = \begin{pmatrix} c \cdot a_{11} & c \cdot a_{12} \\ a_{21} & a_{22} \end{pmatrix},$$

$$\begin{pmatrix} a_{11} & a_{12} \\ a_{21} & a_{22} \end{pmatrix} \cdot \begin{pmatrix} c & 0 \\ 0 & 1 \end{pmatrix} = \begin{pmatrix} c \cdot a_{11} & a_{12} \\ c \cdot a_{21} & a_{22} \end{pmatrix},$$

となり，Q を左から掛けると第 1 行を c 倍し，Q を右から掛けると第 1 列を c 倍する．また，

$$\begin{pmatrix} 1 & c \\ 0 & 1 \end{pmatrix} \cdot \begin{pmatrix} a_{11} & a_{12} \\ a_{21} & a_{22} \end{pmatrix} = \begin{pmatrix} a_{11} + c \cdot a_{21} & a_{12} + c \cdot a_{22} \\ a_{21} & a_{22} \end{pmatrix},$$

$$\begin{pmatrix} a_{11} & a_{12} \\ a_{21} & a_{22} \end{pmatrix} \cdot \begin{pmatrix} 1 & c \\ 0 & 1 \end{pmatrix} = \begin{pmatrix} a_{11} & c \cdot a_{11} + a_{12} \\ a_{21} & c \cdot a_{12} + a_{22} \end{pmatrix}$$

となり，R を左から掛けると第 1 行に第 2 行の c 倍を加え，R を右から掛けると第 2 列に第 1 列の c 倍を加える．

以下ではこれらのことを一般化する． □

$E_{i,j} = E_{i,j}^{(m)} \in M_m(\mathbb{R})$ で (i,j) 成分が 1 で，それ以外の成分が 0 の m 次正方行列を表す．

i,j を $1 \leqq i,j \leqq m, i \neq j$ とするとき，

$$\begin{aligned} P_{i,j} = P_{i,j}^{(m)} &= E_m - E_{i,i}^{(m)} - E_{j,j}^{(m)} + E_{i,j}^{(m)} + E_{j,i}^{(m)} \\ &= \begin{pmatrix} E_{i-1} & 0 & 0 & 0 & 0 \\ 0 & 0 & 0 & 1 & 0 \\ 0 & 0 & E_{j-i-1} & 0 & 0 \\ 0 & 1 & 0 & 0 & 0 \\ 0 & 0 & 0 & 0 & E_{m-j} \end{pmatrix} \end{aligned} \tag{3.10}$$

で対角成分 $(k,k)\,(k \neq i,j)$ が 1，(i,j) 成分と (j,i) 成分も 1 で，それ以外の成分はすべて 0 となる m 次正方行列を表す．

i が $1 \leqq i \leqq m$，$c \in \mathbb{R}, c \neq 0$ のとき，

$$Q(i;c) = Q^{(m)}(i;c) = E_m + (c-1) \cdot E_{ii}^{(m)}$$
$$= \begin{pmatrix} E_{i-1} & 0 & 0 \\ 0 & c & 0 \\ 0 & 0 & E_{m-i} \end{pmatrix} \tag{3.11}$$

で，対角成分 $(k,k)\,(k \neq i)$ が 1，(i,i) 成分が c で，それ以外の成分が 0 の m 次正方行列を表す.

また，$i, j\,(1 \leqq i, j \leqq m,\ i \neq j)$，$c \in \mathbb{R}$ のとき，

$$R(i,j;c) = R^{(m)}(i,j;c) = E_m + c \cdot E_{i,j}^{(m)}$$
$$= \begin{pmatrix} E_{i-1} & 0 & 0 & 0 & 0 \\ 0 & 1 & 0 & c & 0 \\ 0 & 0 & E_{j-i-1} & 0 & 0 \\ 0 & 0 & 0 & 1 & 0 \\ 0 & 0 & 0 & 0 & E_{m-j} \end{pmatrix} \tag{3.12}$$

で対角成分 (k,k) がすべて 1 で，(i,j) 成分が c で，それ以外の成分がすべて 0 の m 次正方行列を表す.

これらの行列 $P_{i,j}^{(m)}, Q^{(m)}(i;c), R^{(m)}(i,j;c)$ を**初等行列** (elementary matrices) と呼ぶ. 定義より明らかに，初等行列は可逆行列であり，$P_{i,j}^{(m)}$ の行列式は-1，$Q^{(m)}(i;c)$ の行列式は $c \neq 0$ であり，$R^{(m)}(i,j;c)$ の行列式は 1 である.

初等行列を $A \in M_{m,n}(\mathbb{R})$ の左または右から掛けると，次のような行や列の変形ができる.

(R1) $P_{i,j}^{(m)}$ を $A \in M_{m,n}(\mathbb{R})$ の左から掛けると，A の i 番目の行と j 番目の行が入れ替わる.

(C1) $P_{i,j}^{(n)}$ を $A \in M_{m,n}(\mathbb{R})$ の右から掛けると，A の i 番目の列と j 番目の列が入れ替わる.

(R2) $Q^{(m)}(i;c)$ を $A \in M_{m,n}(\mathbb{R})$ の左から掛けると，A の i 番目の行が c 倍される.

(C2)　$Q^{(n)}(i;c)$ を $A \in M_{m,n}(\mathbb{R})$ の右から掛けると，A の i 番目の列が c 倍される．

(R3)　$R^{(m)}(i,j;c)$ を $A \in M_{m,n}(\mathbb{R})$ の左から掛けると，A の i 番目の行に j 番目の行の c 倍が加わる．

(C3)　$R^{(n)}(i,j;c)$ を $A \in M_{m,n}(\mathbb{R})$ の右から掛けると，A の j 番目の列に i 番目の列の c 倍が加わる．

我々は，(R1), (R2), (R3) を行に関する**基本変形**または**基本の変形**と呼び，(C1), (C2), (C3) を列に関する基本変形または基本の変形と呼ぶ．

初等行列を使うと次の定理が証明できる：

定理 3.2　任意の可逆行列 $A \in M_m(\mathbb{R})$ は初等行列の積に表せる．A を初等行列の積に具体的に表すには，以下の証明で行われる手続きを取ればよい．

A を可逆行列と限らない場合には，以上の証明を精密化することにより次の定理が証明できる：

定理 3.3　任意の行列 $A \in M_{m,n}(\mathbb{R})$ は，初等行列の積を左から掛ける（行に関する基本変形を繰り返す）ことにより，

$$
\begin{pmatrix}
0 & \cdots & 0 & \overset{i_1}{1} & * & \cdots & * & \overset{i_2}{0} & * & \cdots & * & \overset{i_3}{0} & \cdots & \overset{i_r}{0} & * & \cdots & * \\
0 & \cdots & 0 & 0 & 0 & \cdots & 0 & 1 & * & \cdots & * & 0 & \cdots & 0 & * & \cdots & * \\
0 & \cdots & 0 & 0 & 0 & \cdots & 0 & 0 & 0 & \cdots & 0 & 1 & \cdots & 0 & * & \cdots & * \\
\vdots & \cdots & \vdots & \vdots & \vdots & \cdots & \vdots & \vdots & \vdots & \cdots & \vdots & \vdots & \cdots & \vdots & \vdots & \cdots & \vdots \\
0 & \cdots & 0 & 0 & 0 & \cdots & 0 & 0 & 0 & \cdots & 0 & 0 & \cdots & 1 & * & \cdots & * \\
0 & \cdots & 0 & 0 & 0 & \cdots & 0 & 0 & 0 & \cdots & 0 & 0 & \cdots & 0 & 0 & \cdots & 0 \\
\vdots & \cdots & \vdots & \vdots & \vdots & \cdots & \vdots & \vdots & \vdots & \cdots & \vdots & \vdots & \cdots & \vdots & \vdots & \cdots & \vdots \\
0 & \cdots & 0 & 0 & 0 & \cdots & 0 & 0 & 0 & \cdots & 0 & 0 & \cdots & 0 & 0 & \cdots & 0
\end{pmatrix}
$$

の形に変形できる[1]．

また，初等行列の積 $U \in M_n(\mathbb{R})$ と $V \in M_m(\mathbb{R})$ を左右から掛ける（行と列に関する基本の変形を繰り返す）ことにより，次の形の行列に変形することができる：

$$UAV = \begin{pmatrix} E_r & 0_{r,n-r} \\ 0_{m-r,r} & 0_{m-r,n-r} \end{pmatrix}. \tag{3.13}$$

注意 3.1 この定理の後半は，次章で良い基底を取ることにより証明し直す．

証明# $A \in M_m(\mathbb{R})$ を m 次の可逆行列とする．このとき，行列式 $\det(A)$ は 0 ではないから，第 1 列の少なくともどれかの成分は 0 ではない．そこで A に初等行列を左から掛けることにより，(R1) を使い第 1 列の 0 でない成分を (1, 1) 成分に移し，(1, 1) 成分が 0 にはならないようにすることができる．そこで (R2) を使うと，さらに初等行列を左から掛けることにより，(1, 1) 成分が 1 となるようにすることができる．そこで (R3) を使うと，さらに初等行列を幾つか左から掛けることにより，第 1 列の (1,1) 成分以外はすべて 0 となるようにすることができる．したがって，初等行列の積を左から掛けることにより，行列 A は

$$\begin{pmatrix} 1 & * \\ 0 & A_2 \end{pmatrix} \qquad (A_2 \in M_{m-1}(\mathbb{R}))$$

の形となり，第 1 列は $\boldsymbol{e}_1$ となる．

この行列の行列式は $\det(A_2)$ であるが，それはもとの行列の行列式 $\det(A) \neq 0$ の 0 でない定数倍であり，0 ではない．そこで同じことを A_2 に対して行うことにより，m 次の初等行列の積を左から掛けることにより，A_2 の第 1 列の最初の成分が 1 でそれ以外の成分は 0 となるようにできる．そこでさらに A に (R3) を使うことにより，A の (1, 2) 成分から (2, 2) 成分の (1, 2) 成分倍を引くことにより，A の第 2 列は (2, 2) 成分が 1 で，それ以外の成分はすべて 0 になる様にすることができる．これらの操作では，第 1 列の第 2 成分以下はすべて 0 だから，第 1 列は (1, 1) 成分が 1 で，それ以外の成分はすべて 0 であることは変わらない．したがって，A の左から初等行列の積を掛けることにより，第 1 行が $\boldsymbol{e}_1$ で，第 2 行が $\boldsymbol{e}_2$ になる様にすることができる．したがって，初等行列の積を左から掛けることにより，

1 r を A の階数と呼び，$\mathrm{rank}(A)$ と表す（4 章 4 節参照）．

$$\begin{pmatrix} 1 & 0 & * \\ 0 & 1 & * \\ 0 & 0 & A_3 \end{pmatrix} \qquad (A_3 \in M_{m-2}(\mathbb{R})),$$

の形にすることができる．ここで，$\det(A_3) \neq 0$ である．

この様な操作を第 3 列以降に順に繰り返すと，A の左から初等行列の積を掛けることにより，列ベクトルが $\boldsymbol{e}_1, \boldsymbol{e}_2, \ldots, \boldsymbol{e}_m$ となる様にし，行列として単位行列 E_m になる様にすることができる．

したがって，初等行列の積となるある行列 U があり，$UA = E_m$ となる．よって，$A = U^{-1}$ となる．ここで，初等行列の逆行列はまた初等行列であることに注意すると，U^{-1} は初等行列の積である．したがって，$A = U^{-1}$ は初等行列の積となる． **(証明終り)**

定理の証明# 基本変形 (R1), (R2), (R3) を使って，$i = 1, 2, \cdots$ について帰納的に，左の列から順番に，第 i 成分から第 m 成分までの中で，0 でないものが見つからなければ次の行に移り，0 でないものが見つかれば前定理の証明で行った基本の変形を行う．これにより，任意の行列 $A \in M_{m,n}(\mathbb{R})$ は，左から初等行列の積 U を掛ける（行に関する基本の変形を繰り返す）ことにより，UA を定理の述べた形の行列に変形することができる．

なお，列についての基本の変形を行うと，ここで $*$ で表していたものはすべて 0 にできる．さらに，列についての基本の変形を行うことにより，$\mathbf{0}_m$ となる列はすべて最後に集めることができる． **(証明終り)**

3.3 掃き出し法

この節では，基本変形を応用して連立一次方程式を解く．

$$\text{(SLE)} \quad \left\{ \begin{array}{l} a_{11}x_1 + \cdots + a_{1n}x_n = b_1 \\ a_{21}x_1 + \cdots + a_{2n}x_n = b_2 \\ \quad\cdots\cdots\cdots \\ a_{m1}x_1 + \cdots + a_{mn}x_n = b_m \end{array} \right. \qquad (a_{ij}, b_j \in \mathbb{R}),$$

を連立一次方程式とし，

$$A = \begin{pmatrix} a_{11} & \cdots & a_{1n} \\ \vdots & \cdots & \vdots \\ a_{m1} & \cdots & a_{mn} \end{pmatrix}, \quad \boldsymbol{x} = \begin{pmatrix} x_1 \\ \vdots \\ x_n \end{pmatrix}, \quad \boldsymbol{b} = \begin{pmatrix} b_1 \\ \vdots \\ b_m \end{pmatrix},$$

$$\text{(ME)} \qquad A \cdot \boldsymbol{x} = \boldsymbol{b}$$

などを前の通り定義する．そこで

$$A^* = (A, b) = \begin{pmatrix} a_{11} & \cdots & a_{1n} & b_1 \\ \vdots & \cdots & \vdots & \vdots \\ a_{m1} & \cdots & a_{mn} & b_m \end{pmatrix} \tag{3.14}$$

とおき，**拡大係数行列**と呼ぶ．

(ME) の左から可逆行列 U を掛けると

$$(U \cdot A) \cdot \boldsymbol{x} = (U \cdot \boldsymbol{b}) \tag{3.15}$$

となるが，U が可逆だから，この式の左から U^{-1} を掛けると (ME) に戻り，この式は (ME) と同じ解を持つ．またこのとき，対応する拡大係数行列は

$$U \cdot A^* = (U \cdot A, U \cdot \boldsymbol{b}) \tag{3.16}$$

となる．

ここでとくに U として初等行列を取ると，$U \cdot A, U \cdot A^*$ は A と A^* の行に関する基本変形となり，また，$A \cdot \boldsymbol{x} = \boldsymbol{b}$ から $(U \cdot A) \cdot \boldsymbol{x} = (U \cdot \boldsymbol{b})$ に移ることは，連立一次方程式 (SLE)

$$\begin{cases} a_{11}x_1 + \cdots + a_{1n}x_n = b_1 \\ a_{21}x_1 + \cdots + a_{2n}x_n = b_2 \\ \qquad \cdots\cdots\cdots \\ a_{m1}x_1 + \cdots + a_{mn}x_n = b_m \end{cases}$$

において，$U = P_{i,j}$ で (R1) の場合は第 i 番目の式と第 j 番目の式を入れ替えること，$U = Q(i; c)$ で (R2) の場合は第 i 番目の式を c 倍すること，

$U = R(i, j; c)$ で (R3) の場合は第 i 番目の式に第 j 番目の式の c 倍を加えることが対応する．これらを連立一次方程式の**基本変形**と呼ぶ．

A が m 次正方行列 $A = M_m(\mathbb{R})$ だとし，これに行に関する基本変形を繰り返す．このとき，対応する初等行列の積を U と置くと，A は $U \cdot A$ に，拡大係数行列 $A^* = (A, \boldsymbol{b})$ は $U \cdot A^* = (U \cdot A,\, U \cdot \boldsymbol{b})$ に移る．そこで，このような基本変形により A が単位行列 E_m になったとする：

$$U \cdot A = E_m. \tag{3.17}$$

このとき，$\det(U) \cdot \det(A) = \det(E_m) = 1$ となる．よって $\det(A) \neq 0$ となり，A は可逆行列で $U = A^{-1}$ となる．また，

$$\boldsymbol{c} = U \cdot \boldsymbol{b} \tag{3.18}$$

とおくと，連立一次方程式 $A \cdot \boldsymbol{x} = \boldsymbol{b}$ の解は

$$\boldsymbol{x} = E_m \cdot \boldsymbol{x} = (U \cdot A) \cdot \boldsymbol{x} = U \cdot (A \cdot \boldsymbol{x}) = U \cdot \boldsymbol{b} = \boldsymbol{c} \tag{3.19}$$

となる．

逆に，前節で証明したことより，$m = n$ で係数行列 A が可逆行列なら，初等行列の積 U で $U \cdot A = E_m$ となるものが存在する．よって以上の様な基本変形を行うことが可能である．

よって次の定理が得られた：

定理 3.4　A を m 次正方行列とし，連立一次方程式 $A\boldsymbol{x} = \boldsymbol{b}$ から拡大係数行列 $A^* = (A, \boldsymbol{b})$ を作る．そこで拡大係数行列 A^* に行に関する基本変形を行い $(E_m, \boldsymbol{c})$ となったとする．このとき，連立一次方程式 $A\boldsymbol{x} = \boldsymbol{b}$ の解は $\boldsymbol{x} = \boldsymbol{c}$ で与えられる．

注意 3.2　A が可逆行列なら，この方法で連立一次方程式 $A \cdot \boldsymbol{x} = \boldsymbol{b}$ の解は求まる．このように基本変形を繰り返して連立一次方程式の解を求める方法を**掃き出し法**と呼ぶ．掃き出し法はクラメールの解法に比べ，少ない計算で解が求まるという

長所を持っている．しかし，クラメールの解法は，与えられた方程式と解の関係が見透しやすいという長所を持っている．言い直すと，掃き出し法は計算の効率に，クラメールの解法は理論的な透明性にその長所がある．

A が一般の場合は，行についての基本変形を行うことにより，定理 3.3 に書いた様な形に帰着できる．その場合には $U \cdot A$ と $\boldsymbol{c} = U \cdot \boldsymbol{b}$ の関係により，解がない場合から，解が次元を持つ場合まで様々なケースが起こる．

例 3.4 連立 1 次方程式

$$\begin{cases} x + 2y + 3z = 10 \\ 2x + 3y + 4z = 16 \\ 3x + 4y + 2z = 19 \end{cases}$$

を考える．この連立 1 次方程式の拡大係数行列式は，

$$\begin{pmatrix} 1 & 2 & 3 & 10 \\ 2 & 3 & 4 & 16 \\ 3 & 4 & 2 & 19 \end{pmatrix}$$

である．この行列の第 2 行から第 1 行の 2 倍を引き，この行列の第 3 行から第 1 行の 3 倍を引くと，

$$\begin{pmatrix} 1 & 2 & 3 & 10 \\ 0 & -1 & -2 & -4 \\ 0 & -2 & -7 & -11 \end{pmatrix}$$

となる．ここで第 2 行を -1 倍し，第 3 行を -1 倍すると，

$$\begin{pmatrix} 1 & 2 & 3 & 10 \\ 0 & 1 & 2 & 4 \\ 0 & 2 & 7 & 11 \end{pmatrix}$$

となる．ここで第 1 行から第 2 行の 2 倍を引き，第 3 行から第 2 行の 2 倍を引くと，

$$\begin{pmatrix} 1 & 0 & -1 & 2 \\ 0 & 1 & 2 & 4 \\ 0 & 0 & 3 & 3 \end{pmatrix}$$

となる．ここで第3行を3で割り $(0,0,1,1)$ とし，それを第1行に加え，その2倍を第2行から引くと

$$\begin{pmatrix} 1 & 0 & 0 & 3 \\ 0 & 1 & 0 & 2 \\ 0 & 0 & 1 & 1 \end{pmatrix}$$

となる．これは $x=3, y=2, z=1$ が解となることを意味する． □

例 3.5 連立1次方程式

$$\begin{cases} x+2y+3z=10 \\ 2x+3y+4z=16 \\ 3x+4y+5z=22 \end{cases}$$

を考える．この連立1次方程式の拡大係数行列式は，

$$\begin{pmatrix} 1 & 2 & 3 & 10 \\ 2 & 3 & 4 & 16 \\ 3 & 4 & 5 & 22 \end{pmatrix}$$

である．この行列の第2行から第1行の2倍を引き，この行列の第3行から第1行の3倍を引くと，

$$\begin{pmatrix} 1 & 2 & 3 & 10 \\ 0 & -1 & -2 & -4 \\ 0 & -2 & -4 & -8 \end{pmatrix}$$

となる．ここで第2行を -1 倍し，第3行を $-1/2$ 倍すると，

$$\begin{pmatrix} 1 & 2 & 3 & 10 \\ 0 & 1 & 2 & 4 \\ 0 & 1 & 2 & 4 \end{pmatrix}$$

となる．ここで第1行から第2行の2倍を引き，第3行から第2行を引くと，

$$\begin{pmatrix} 1 & 0 & -1 & 2 \\ 0 & 1 & 2 & 4 \\ 0 & 0 & 0 & 0 \end{pmatrix}$$

となる．これは，$x - z = 2$, $y + 2z = 4$ を意味するから，求める方程式の解は，

$$\begin{cases} x = \quad z + 2 \\ y = -2z + 4 \\ z = \quad \text{任意} \end{cases}$$

である．

なお，上記の計算により，係数行列

$$A = \begin{pmatrix} 1 & 2 & 3 \\ 2 & 3 & 4 \\ 3 & 4 & 5 \end{pmatrix}$$

に行に関する基本変形を行い

$$\begin{pmatrix} 1 & 0 & -1 \\ 0 & 1 & 2 \\ 0 & 0 & 0 \end{pmatrix}$$

が得られた．第3行が0であるから，行に関する基本変形を行っても，これ以上簡易化することはできない．しかし，列に関する基本変形（第3列に第1列を加え，第2列の2倍を引く）を行うと

$$\begin{pmatrix} 1 & 0 & 0 \\ 0 & 1 & 0 \\ 0 & 0 & 0 \end{pmatrix}$$

と定理3.3の形の標準形にすることができる． □

掃き出し法の応用をもう一つあげる．

$A \in M_m(\mathbb{R})$ を m 次正方行列とし，$(m, 2m)$ 型の行列 (A, E_m) に行に関する基本変形を行う．このとき，この基本変形に対する初等行列の積を U とすると，基本変形の結果出来た行列は $(U \cdot A,\, U \cdot E_m) = (U \cdot A,\, U)$ となる．そこで，このような基本変形の結果 $U \cdot A = E_m$ となったとすると，前と同様にして，$U = A^{-1}$ となる．よって次の定理が証明できた：

定理 3.5　$A \in M_m(\mathbb{R})$ を m 次正方行列とし，(A, E_m) に行に関する基本変形を行い，(E_m, U) となったとする．このとき，$U = A^{-1}$ となる．

注意 3.3　掃き出し法を使って逆行列をこのようにして求めるのは，計算量が少なくて効果的である．

例 3.6

$$A = \begin{pmatrix} 1 & 2 & 3 \\ 2 & 3 & 4 \\ 3 & 4 & 2 \end{pmatrix}$$

の逆行列を求める．そこで

$$\begin{pmatrix} 1 & 2 & 3 & 1 & 0 & 0 \\ 2 & 3 & 4 & 0 & 1 & 0 \\ 3 & 4 & 2 & 0 & 0 & 1 \end{pmatrix}$$

を考える．この行列の第2行から第1行の2倍を引き，この行列の第3行から第1行の3倍を引くと，

$$\begin{pmatrix} 1 & 2 & 3 & 1 & 0 & 0 \\ 0 & -1 & -2 & -2 & 1 & 0 \\ 0 & -2 & -7 & -3 & 0 & 1 \end{pmatrix}$$

となる．この第2行と第3行を -1 倍すると，

$$\begin{pmatrix} 1 & 2 & 3 & 1 & 0 & 0 \\ 0 & 1 & 2 & 2 & -1 & 0 \\ 0 & 2 & 7 & 3 & 0 & -1 \end{pmatrix}$$

となる．この第1行から第2行の2倍を引き，第3行から第2行の2倍を引くと，

$$\begin{pmatrix} 1 & 0 & -1 & -3 & 2 & 0 \\ 0 & 1 & 2 & 2 & -1 & 0 \\ 0 & 0 & 3 & -1 & 2 & -1 \end{pmatrix}$$

となる．この第3行を 1/3 倍すると，

$$\begin{pmatrix} 1 & 0 & -1 & -3 & 2 & 0 \\ 0 & 1 & 2 & 2 & -1 & 0 \\ 0 & 0 & 1 & -1/3 & 2/3 & -1/3 \end{pmatrix}$$

となる．この第3行を第1行に加え，第3行の 2 倍を第2行から引くと，

$$\begin{pmatrix} 1 & 0 & 0 & -10/3 & 8/3 & -1/3 \\ 0 & 1 & 0 & 8/3 & -7/3 & 2/3 \\ 0 & 0 & 1 & -1/3 & 2/3 & -1/3 \end{pmatrix}$$

となる．よって，A の逆行列は

$$\begin{pmatrix} -10/3 & 8/3 & -1/3 \\ 8/3 & -7/3 & 2/3 \\ -1/3 & 2/3 & -1/3 \end{pmatrix}$$

である．□

演習問題

1　次の連立方程式を掃き出し法で解け．

$$\begin{cases} -x \phantom{{}+4y} + z = -3 \\ 2x + 4y + 3z = 5 \\ x + 2y - z = 5 \end{cases}$$

2　次の連立方程式を掃き出し法で解け.

$$\begin{cases} x \phantom{{}+y} - z + 2w = 2 \\ -x + y + 2z \phantom{{}+2w} = 2 \\ - y \phantom{{}+z} + w = 0 \\ 2y + z \phantom{{}+2w} = 3 \end{cases}$$

3　次の連立方程式を掃き出し法で解け.

$$\begin{cases} x \phantom{{}+y} - z + 2w = 0 \\ -x \phantom{{}+y} + 2z \phantom{{}+2w} = 0 \\ - y \phantom{{}+z} + w = 0 \\ 2y + z \phantom{{}+2w} = 0 \end{cases}$$

4　次の行列の逆行列を掃き出し法で求めよ.

$$\begin{pmatrix} -1 & 0 & 1 \\ 2 & 4 & 3 \\ 1 & 2 & -1 \end{pmatrix}, \qquad \begin{pmatrix} 1 & 0 & -1 & 2 \\ -1 & 1 & 2 & 0 \\ 0 & -1 & 0 & 1 \\ 0 & 2 & 1 & 0 \end{pmatrix}.$$

第4章

ベクトル空間と線形写像

この章の結果は，実数 $\mathbb{R}$ を任意の体で置き換えても成り立つ．

4.1 ベクトル空間

定義 4.1　V が（実）ベクトル空間または（実）**線形空間**であるとは，V に和 $+$ が定義され，次の条件 (V1), (V2), (V3) をみたすことをいう．

(V1)　V は和 $+$ に関しアーベル群である；

(V2)　実数 $\mathbb{R}$ の V への**作用** $\cdot : \mathbb{R} \times V \ni (r, \boldsymbol{v}) \longmapsto r \cdot \boldsymbol{v} \in V$ があり，任意の実数 $r_1, r_2 \in \mathbb{R}$ と任意の $\boldsymbol{v} \in V$ に対して，次式をみたす：

$$(r_1 \cdot r_2) \cdot \boldsymbol{v} = r_1 \cdot (r_2 \cdot \boldsymbol{v}), \qquad 1 \cdot \boldsymbol{v} = \boldsymbol{v};$$

(V3)　任意の実数 $r, r_1, r_2 \in \mathbb{R}$ と任意のベクトル $\boldsymbol{v}_1, \boldsymbol{v}_2, \boldsymbol{v} \in V$ に対して，次式をみたす：

$$r \cdot (\boldsymbol{v}_1 + \boldsymbol{v}_2) = r \cdot \boldsymbol{v}_1 + r \cdot \boldsymbol{v}_2, \qquad (r_1 + r_2) \cdot \boldsymbol{v} = r_1 \cdot \boldsymbol{v} + r_2 \cdot \boldsymbol{v}.$$

注意 4.1　(V2) は単位元が恒等写像として作用し，結合法則の類似が成り立つことを言っている．(V3) は分配法則の類似である．

注意 4.2　V をベクトル空間とすると，$0 \cdot \boldsymbol{v}$ ($\boldsymbol{v}$ は V の任意の元) が V の和に関

する単位元 $\mathbf{0}$ となり，$(-1)\cdot\boldsymbol{v}$ が V の和に関する $\boldsymbol{v}$ の逆元 $-\boldsymbol{v}$ となる[1]．

例 4.1 m,n を正の整数とすると，$\mathbb{R}^m$ と $M_{m,n}(\mathbb{R})$ はベクトル空間となる（第 1 章第 3 節参照）． □

定義 4.2 V をベクトル空間とする．このとき，V の空でない部分集合 $W \neq \emptyset$ が**部分ベクトル空間**または（線形）**部分空間**であるとは，次の 2 条件をみたすことをいう：

(S1) W は V の和 $+$ に関して $\boldsymbol{u},\boldsymbol{v}\in W$ なら $\boldsymbol{u}+\boldsymbol{v}\in W$, $-\boldsymbol{v}\in W$ となる[2,3]；

(S2) 任意の $r\in\mathbb{R}$ と任意の $\boldsymbol{w}\in W$ に対し $r\cdot\boldsymbol{w}\in W$ が成り立つ．

注意 4.3 W が V の部分空間なら，V の和と作用は W 上に和と作用を引き起こし，W はベクトル空間となる．

例 4.2 $V=\{(x,y)\mid x,y\in\mathbb{R}\}$ は，和

$$(x_1,y_1)+(x_2,y_2)=(x_1+x_2,\ y_1+y_2)$$

と作用

$$r\cdot(x,y)=(r\cdot x,\ r\cdot y)$$

によりベクトル空間となり，

$$W_1=\{(x,0)\mid x\in\mathbb{R}\},\qquad W_2=\{(x,x)\mid x\in\mathbb{R}\}$$

は V の部分空間となる． □

定義 4.3 W_1,W_2 が ベクトル空間 V の部分空間なら，

$$W_1+W_2=\{\boldsymbol{w}_1+\boldsymbol{w}_2\mid \boldsymbol{w}_1\in W_1,\boldsymbol{w}_2\in W_2\} \tag{4.1}$$

1　$0\cdot\boldsymbol{v}=(0+0)\cdot\boldsymbol{v}=0\cdot\boldsymbol{v}+0\cdot\boldsymbol{v}$ だから，$0\cdot\boldsymbol{v}=\mathbf{0}$ である．また，$\mathbf{0}=0\cdot\boldsymbol{v}=(1+(-1))\boldsymbol{v}=\boldsymbol{v}+(-1)\cdot\boldsymbol{v}$ であるから，$(-1)\cdot\boldsymbol{v}$ は $\boldsymbol{v}$ の逆元である．

2　つまり，$W+W\subset W$, $-W\subset W$．

3　アーベル群 V のこの性質をみたす部分集合を**部分群**と呼ぶ．部分群 W は，V の和 $+$（の W への制限）により，アーベル群となる．

と，$W_1 \cap W_2$ は V の部分空間となる[4]．部分空間 $W_1 + W_2$ を部分空間 W_1 と W_2 の**和**と呼ぶ．さらに，$W_1 \cap W_2 = \{0\}$ なら，任意の $W_1 + W_2$ の元 $\boldsymbol{w}$ は $\boldsymbol{w}_1 \in W_1$ と $\boldsymbol{w}_2 \in W_2$ を使って $\boldsymbol{w} = \boldsymbol{w}_1 + \boldsymbol{w}_2$ の形に一意的に表せる．この条件 $W_1 \cap W_2 = \{0\}$ をみたすとき，$W_1 + W_2$ を $W_1 \oplus W_2$ と表し，W_1 と W_2 の**直和**であるという．

定義 4.4 $\boldsymbol{v}_1, \ldots, \boldsymbol{v}_m$ を ベクトル空間 V の元とする．このとき，

$$a_1 \cdot \boldsymbol{v}_1 + \cdots + a_m \cdot \boldsymbol{v}_m \qquad (a_1, \ldots, a_m \in \mathbb{R})$$

の形の V の元を $\boldsymbol{v}_1, \ldots, \boldsymbol{v}_m$ の**線形結合**であるという．V の元 $\boldsymbol{v}_1, \ldots, \boldsymbol{v}_m$ が与えられたとき，これらの線形結合全体が作る集合

$$< \boldsymbol{v}_1, \ldots, \boldsymbol{v}_m >_{\mathbb{R}} = \{a_1 \cdot \boldsymbol{v}_1 + \cdots + a_m \cdot \boldsymbol{v}_m \mid a_1, \ldots, a_m \in \mathbb{R}\} \tag{4.2}$$

は V の部分空間となり，$\boldsymbol{v}_1, \ldots, \boldsymbol{v}_m$ により**生成**される V の部分空間と呼ぶ．

例 4.3

$$\boldsymbol{u} = \begin{pmatrix} 1 \\ -1 \\ 0 \end{pmatrix}, \quad \boldsymbol{v} = \begin{pmatrix} 0 \\ 1 \\ -1 \end{pmatrix}, \quad \boldsymbol{w} = \begin{pmatrix} -1 \\ 0 \\ 1 \end{pmatrix}$$

とおく．このとき，

---

[4] $r \in \mathbb{R}, w_1 + w_2, w_1' + w_2' \in W_1 + W_2$ なら，$(w_1 + w_2) + (w_1' + w_2') = (w_1 + w_1') + (w_2 + w_2') \in W_1 + W_2$　$r \cdot (w_1 + w_2) = (r \cdot w_1) + (r \cdot w_2) \in W_1 + W_2$ となり，$W_1 + W_2$ は部分空間となる．$W_1 \cap W_2$ については，$r \in \mathbb{R}, w, w' \in W_1 \cap W_2$ なら，$w + w' \in W_1$, $w + w' \in W_2$, かつ $r \cdot w \in W_1$, $r \cdot w \in W_2$ となり，どちらも $W_1 \cap W_2$ の元となる．

$$a\boldsymbol{u}+b\boldsymbol{v}+c\boldsymbol{w}=\begin{pmatrix} a-c \\ -a+b \\ -b+c \end{pmatrix}$$

となる．よって

$$<\boldsymbol{u},\boldsymbol{v},\boldsymbol{w}>_{\mathbb{R}}=\left\{\begin{pmatrix} x \\ y \\ z \end{pmatrix}\middle|\ x+y+z=0\right\}$$

となる．□

定義 4.5　ベクトル空間 V の元の組 $\boldsymbol{v}_1,\ldots,\boldsymbol{v}_m \in V$ は，実数の組 $a_1,\ldots,a_m \in \mathbb{R}$, $(a_1,\ldots,a_m) \neq (0,\ldots,0)$ で

$$a_1 \cdot \boldsymbol{v}_1 + \cdots + a_m \cdot \boldsymbol{v}_m = \boldsymbol{0} \tag{4.3}$$

となるものが存在するとき**線形従属**または**一次従属**であるという．V の元の組 $\boldsymbol{v}_1,\ldots,\boldsymbol{v}_m \in V$ は，線形従属でないとき**線形独立**または**一次独立**であるという．

例 4.4　例 4.3 の $\boldsymbol{u},\boldsymbol{v},\boldsymbol{w}$ は，$\boldsymbol{u}+\boldsymbol{v}+\boldsymbol{w}=\boldsymbol{0}$ となるから，線形従属である．しかし，

$$a\cdot\boldsymbol{u}+b\cdot\boldsymbol{v}=\begin{pmatrix} a \\ -a+b \\ -b \end{pmatrix}$$

であるから，$a\cdot\boldsymbol{u}+b\cdot\boldsymbol{v}=\boldsymbol{0}$ なら $a=b=0$ となり，$\boldsymbol{u}$ と $\boldsymbol{v}$ は線形独立である．□

例 4.5

$$\boldsymbol{u}=\begin{pmatrix} 1 \\ 1 \\ 1 \end{pmatrix},\quad \boldsymbol{v}=\begin{pmatrix} 1 \\ 1 \\ 0 \end{pmatrix},\quad \boldsymbol{w}=\begin{pmatrix} 1 \\ 0 \\ 0 \end{pmatrix}$$

とおく．このとき，

$$a \cdot \boldsymbol{u} + b \cdot \boldsymbol{v} + c \cdot \boldsymbol{w} = \begin{pmatrix} a+b+c \\ a+b \\ a \end{pmatrix}$$

であるから，$a\cdot\boldsymbol{u}+b\cdot\boldsymbol{v}+c\cdot\boldsymbol{w} = \boldsymbol{0}$ となるなら，$a+b+c=0, a+b=0, a=0$ となり，$a=b=c=0$ となる．よって $\boldsymbol{u}, \boldsymbol{v}, \boldsymbol{w}$ は一次独立である． □

例 4.6 長さ m の m 個の列ベクトルの集まり

$$\left\{ \boldsymbol{a}_1 = \begin{pmatrix} a_{11} \\ \vdots \\ a_{m1} \end{pmatrix}, \boldsymbol{a}_2 = \begin{pmatrix} a_{12} \\ \vdots \\ a_{m2} \end{pmatrix}, \cdots\cdots, \boldsymbol{a}_m = \begin{pmatrix} a_{1m} \\ \vdots \\ a_{mm} \end{pmatrix} \right\}$$

の一次独立性を考える．これが一次従属だと言うことは，

$$x_1 \cdot \boldsymbol{a}_1 + x_2 \cdot \boldsymbol{a}_2 + \cdots + x_m \cdot \boldsymbol{a}_m = \boldsymbol{0}$$

が $(x_1, x_2, \cdots, x_m) \neq (0, 0, \cdots, 0)$ となる解を持つことである．つまり，連立一次方程式

$$\begin{cases} a_{11}x_1 + a_{12}x_2 + \cdots + a_{1m}x_m = 0 \\ a_{21}x_1 + a_{12}x_2 + \cdots + a_{2m}x_m = 0 \\ \cdots\cdots\cdots\cdots\cdots\cdots\cdots \\ a_{m1}x_1 + a_{12}x_2 + \cdots + a_{mm}x_m = 0 \end{cases}$$

が $x_1, \cdots, x_m \in \mathbb{R}$, $(x_1, \cdots, x_m) \neq (0, \cdots, 0)$ となる解を持つことである．後に示す結果（系 4.7）によれば，これらの列ベクトルを並べて作った行列を $A = (a_{ij}) \in M_m(\mathbb{R})$ とすると，このためには，A の行列式が 0 となることが必要十分である． □

命題 4.1 ベクトル空間 V の元 $\boldsymbol{v}_1, \ldots, \boldsymbol{v}_m$ が線形独立であるための必要十分条件は，$< \boldsymbol{v}_1, \ldots, \boldsymbol{v}_m >_{\mathbb{R}}$ の任意の元 $\boldsymbol{v}$ が $\boldsymbol{v} = a_1 \cdot \boldsymbol{v}_1 + \cdots + a_m \cdot \boldsymbol{v}_m$ $(a_1, \ldots, a_m \in \mathbb{R})$ の形に一意的に表せることである．

【証明】 $\boldsymbol{v}_1, \ldots, \boldsymbol{v}_m \in V$ が線形独立であるとする．このとき，$< \boldsymbol{v}_1, \ldots, \boldsymbol{v}_m >_{\mathbb{R}}$ の任意の元 $\boldsymbol{v}$ は，$\boldsymbol{v} = a_1 \cdot \boldsymbol{v}_1 + \cdots + a_m \cdot \boldsymbol{v}_m$ $(a_1, \ldots, a_m \in \mathbb{R})$ の形に表せる．ここで，もしこのような形の 2 通りの表現があると，それらの差は $\boldsymbol{v}_1, \ldots, \boldsymbol{v}_m \in V$ の非自明な線形関係を与え，$\boldsymbol{v}_1, \ldots, \boldsymbol{v}_m \in V$ は線形従属となり，仮定に矛盾する．よってこのような表現は一意的になる．逆にこのような表現が一意的なら，0 をこのような形に表す表現は自明なものしか無く，定義より $\boldsymbol{v}_1, \ldots, \boldsymbol{v}_m \in V$ は一次独立となる．　（**証明終り**）

定義 4.6　W をベクトル空間 V の部分空間であるとする．このとき，$\boldsymbol{v}_1, \ldots, \boldsymbol{v}_m \in V$ が $< \boldsymbol{v}_1, \ldots, \boldsymbol{v}_m >_{\mathbb{R}} = W$ となり，かつ $\boldsymbol{v}_1, \ldots, \boldsymbol{v}_m$ が線形独立なら，$\{\boldsymbol{v}_1, \ldots, \boldsymbol{v}_m\}$ は W の**基底**であるという．$\{\boldsymbol{v}_1, \ldots, \boldsymbol{v}_m\}$ が W の基底となるための必要十分条件は，前命題より，W の任意の元が $\boldsymbol{v}_1, \ldots, \boldsymbol{v}_m$ の線形結合として一意的に表現できることである．

例 4.7　例 4.5 の $\boldsymbol{u}, \boldsymbol{v}, \boldsymbol{w}$ は，$\mathbb{R}^3$ の基底を与える．　□

例 4.8　例 4.3 の $\boldsymbol{u}$ と $\boldsymbol{v}$ は，部分空間 $W = < \boldsymbol{u}, \boldsymbol{v}, \boldsymbol{w} >_{\mathbb{R}}$ の基底を与える．同様に，$\boldsymbol{v}$ と $\boldsymbol{w}$，$\boldsymbol{u}$ と $\boldsymbol{w}$ も W の基底をなす．　□

例 4.9　$\mathbb{R}^m$ の任意の元は，標準基底 $\{\boldsymbol{e}_1, \ldots, \boldsymbol{e}_m\}$ を使って一意的に表せるから，$\{\boldsymbol{e}_1, \ldots, \boldsymbol{e}_m\}$ は $\mathbb{R}^m$ の基底である．同様に，$\{E_{i,j} \mid 1 \leqq i \leqq m, 1 \leqq j \leqq n\}$ は $M_{m,n}(\mathbb{R})$ の基底である．　□

命題 4.2　$\{\boldsymbol{v}_1, \ldots, \boldsymbol{v}_m\}$ をベクトル空間 V の部分空間 W の基底だとする．このとき，もし $\boldsymbol{w}_1, \ldots, \boldsymbol{w}_n \in W$ が線形独立なら，$n \leqq m$ となる[5]．

補題 4.1　ベクトル空間 V の元 $\boldsymbol{v}_1, \ldots, \boldsymbol{v}_{m-1}, \boldsymbol{v}_m$ が線形独立となる

---

[5] この命題の証明（補題を含む）と次の定理の証明は，技術的なので，読むのを略してもよい．大切なのは，定理とその系の内容を理解することである．

ための必要十分条件は，$\boldsymbol{v}_1, \ldots, \boldsymbol{v}_{m-1}$ が線形独立であり，かつ $\boldsymbol{v}_m \notin <\boldsymbol{v}_1, \ldots, \boldsymbol{v}_{m-1}>_{\mathbb{R}}$ となることである．

補題の証明# もし $\boldsymbol{v}_1, \ldots, \boldsymbol{v}_{m-1}, \boldsymbol{v}_m \in V$ が線形独立なら，$\boldsymbol{v}_1, \ldots, \boldsymbol{v}_{m-1} \in V$ は線形独立であり，$\boldsymbol{v}_m$ は $\boldsymbol{v}_1, \ldots, \boldsymbol{v}_{m-1}$ の線形結合では表せないから，$\boldsymbol{v}_m \notin <\boldsymbol{v}_1, \ldots, \boldsymbol{v}_{m-1}>_{\mathbb{R}}$ となる．

逆に $\boldsymbol{v}_1, \ldots, \boldsymbol{v}_{m-1} \in V$ が線形独立で，かつ $\boldsymbol{v}_m \notin <\boldsymbol{v}_1, \ldots, \boldsymbol{v}_{m-1}>_{\mathbb{R}}$ になるとする．そこで

$$a_1 \cdot \boldsymbol{v}_1 + \cdots + a_{m-1} \cdot \boldsymbol{v}_{m-1} + a_m \cdot \boldsymbol{v}_m = \boldsymbol{0} \ (a_1, \ldots, a_{m-1}, a_m \in \mathbb{R})$$

となったとする．このとき，$a_m \neq 0$ なら，

$$\boldsymbol{v}_m = -\frac{a_1}{a_m}\boldsymbol{v}_1 - \cdots - \frac{a_{m-1}}{a_m}\boldsymbol{v}_{m-1} \in <\boldsymbol{v}_1, \ldots, \boldsymbol{v}_{m-1}>_{\mathbb{R}}$$

となるから，仮定 $\boldsymbol{v}_m \notin <\boldsymbol{v}_1, \ldots, \boldsymbol{v}_{m-1}>_{\mathbb{R}}$ より，$a_m = 0$ とならねばならない．したがって

$$a_1 \cdot \boldsymbol{v}_1 + \cdots + a_{m-1} \cdot \boldsymbol{v}_{m-1} = \boldsymbol{0}$$

となる．ところが，仮定より $\boldsymbol{v}_1, \ldots, \boldsymbol{v}_{m-1}$ は線形独立だから，$a_1 = \cdots = a_{m-1} = 0$ となる．したがって，$\boldsymbol{v}_1, \ldots, \boldsymbol{v}_{m-1}, \boldsymbol{v}_m \in V$ は線形独立である． （証明終り）

命題の証明# n に関する帰納法で，$\{\boldsymbol{v}_1, \ldots, \boldsymbol{v}_m\}$ のうちの n 個の元を $\boldsymbol{w}_1, \ldots, \boldsymbol{w}_n$ で置き換え W の新しい基底を構成し，$n \leqq m$ が成り立つことを示す．

もし $n = 0$ なら，自明である．そこで帰納法により $\boldsymbol{v}_1, \ldots, \boldsymbol{v}_m$ のうち $n-1$ 個を $\boldsymbol{w}_1, \ldots, \boldsymbol{w}_{n-1}$ で置き換えて別の基底が作れたと仮定する．よって $\boldsymbol{w}_1 = \boldsymbol{v}_1, \ldots, \boldsymbol{w}_{n-1} = \boldsymbol{v}_{n-1}$ であり，$\boldsymbol{w}_1, \ldots, \boldsymbol{w}_n$ は線形独立だとする．このとき補題より，$\boldsymbol{w}_n \notin <\boldsymbol{v}_1, \ldots, \boldsymbol{v}_{n-1}>_{\mathbb{R}}$ となる．したがって，もし $\boldsymbol{w}_n$ を基底 $\{\boldsymbol{v}_1, \ldots, \boldsymbol{v}_m\}$ を使って

$$(\sharp) \quad \boldsymbol{w}_n = a_1 \cdot \boldsymbol{v}_1 + \cdots + a_{n-1} \cdot \boldsymbol{v}_{n-1} + a_n \cdot \boldsymbol{v}_n + \cdots + a_m \cdot \boldsymbol{v}_m$$

と表すと，少なくとも $a_n, \ldots, a_m$ のうち一つは 0 ではない．そこで必要なら番号を付け替えることにより，$a_n \neq 0$ だと仮定する．このとき，上式を a_n で割り，$\boldsymbol{v}_n$ 以外の項を左辺に移すことにより，

$$\boldsymbol{v}_n = -\frac{a_1}{a_n}\boldsymbol{v}_1 - \cdots - \frac{a_{n-1}}{a_n}\boldsymbol{v}_{n-1} + \frac{1}{a_n}\boldsymbol{w}_n - \frac{a_{n+1}}{a_n}\boldsymbol{v}_{n+1} - \cdots - \frac{a_m}{a_n}\boldsymbol{v}_m$$

となり，$\boldsymbol{v}_n$ は $\boldsymbol{v}_1, \ldots, \boldsymbol{v}_{n-1}, \boldsymbol{w}_n, \boldsymbol{v}_{n+1}, \ldots, \boldsymbol{v}_m$ の線形結合で表される．さらに，$\boldsymbol{v}_1, \ldots, \boldsymbol{v}_{n-1}, \boldsymbol{w}_n, \boldsymbol{v}_{n+1}, \ldots, \boldsymbol{v}_m$ が線形従属なら，($\sharp$) を代入することにより $\boldsymbol{v}_1, \ldots, \boldsymbol{v}_{n-1}, \boldsymbol{v}_n, \boldsymbol{v}_{n+1}, \ldots, \boldsymbol{v}_m$ も線形従属となり矛盾する．よって $\boldsymbol{v}_1, \ldots, \boldsymbol{v}_{n-1}, \boldsymbol{w}_n, \boldsymbol{v}_{n+1}, \ldots, \boldsymbol{v}_m$ は線形独立となる．これで帰納法は完成した．（証明終り）

定理 4.1　V をベクトル空間とし，V の有限個の元 $\{\boldsymbol{v}_1, \ldots, \boldsymbol{v}_m\}$ で $V = < \boldsymbol{v}_1, \ldots, \boldsymbol{v}_m >_{\mathbb{R}}$ となるものが存在するとする．このとき，任意の V の部分空間 W の（有限個の）基底 $\{\boldsymbol{w}_1, \ldots, \boldsymbol{w}_n\}$ が存在する．さらに，基底の元の個数 n は W の基底の取り方によらず一意的に定まる．この数を W の**次元**と呼び，$\dim(W)$ で表す．

注意 4.4　W として V をとることにより，定理の条件の下で，V は基底を持ち，$\dim(V) \leqq m$ となることが分かる．以下この様なベクトル空間 V を，**有限次元ベクトル空間**という．

証明$^{\#}$　$\{\boldsymbol{w}_1, \ldots, \boldsymbol{w}_n\}$ を $\boldsymbol{w}_1, \ldots, \boldsymbol{w}_n$ が線形独立となる W の任意の部分集合とする．このとき命題より，$n \leqq m$ となる．したがって，$\{\boldsymbol{w}_1, \ldots, \boldsymbol{w}_n\}$ が線形独立となる W の部分集合で，その元の個数 n が最大となるものが取れる．

取り方より，$\boldsymbol{w}_1, \ldots, \boldsymbol{w}_n$ は線形独立で，$< \boldsymbol{w}_1, \ldots, \boldsymbol{w}_n >_{\mathbb{R}} \subseteq W$ である．ここでもし $< \boldsymbol{w}_1, \ldots, \boldsymbol{w}_n >_{\mathbb{R}} \neq W$ なら，W の元 $\boldsymbol{w}$ で $\boldsymbol{w} \notin < \boldsymbol{w}_1, \ldots, \boldsymbol{w}_n >_{\mathbb{R}}$ となるものが存在する．そうすると補題より $\{\boldsymbol{w}_1, \ldots, \boldsymbol{w}_n, \boldsymbol{w}\}$ が線形独立となり，$\{\boldsymbol{w}_1, \ldots, \boldsymbol{w}_n\}$ の取り方に矛盾する．よって $< \boldsymbol{w}_1, \ldots, \boldsymbol{w}_n >_{\mathbb{R}} = W$ となり，$\{\boldsymbol{w}_1, \ldots, \boldsymbol{w}_n\}$ は W の基底となる．

もし $\{\boldsymbol{w}'_1, \ldots, \boldsymbol{w}'_{n'}\}$ が W の別の基底なら，命題より，$n' \leqq n$ かつ $n \leqq n'$ となる．よって $n' = n$ となり，次元の一意性が証明できた．（証明終り）

W と U が $U \subseteq W$ をみたす V の部分空間で，$\{\boldsymbol{u}_1, \ldots, \boldsymbol{u}_\ell\}$ が U の基底だとする．もし $< \boldsymbol{u}_1, \ldots, \boldsymbol{u}_\ell >_{\mathbb{R}} \neq W$ なら，$< \boldsymbol{u}_1, \ldots, \boldsymbol{u}_\ell >_{\mathbb{R}}$ に入らない W の元 $\boldsymbol{u}_{\ell+1}$ を取ると，補題より，$\{\boldsymbol{u}_1, \ldots, \boldsymbol{u}_{\ell+1}\}$ は線形独立となる．この操作を続けることにより，W の基底で $\{\boldsymbol{u}_1, \ldots, \boldsymbol{u}_\ell, \boldsymbol{w}_{\ell+1}, \ldots, \boldsymbol{w}_n\}$ の形のものが取れる．したがって，定理の証明を精密化することにより，次の系が得られる．

系 4.1 V を有限次元ベクトル空間，U, W を $U \subseteq W$ をみたす V の部分空間とする．このとき，任意の U の基底を拡張し W の基底を作ることができる．

W_1, W_2 を有限次元ベクトル空間 V の部分空間とする．このとき，W_1+W_2 と $W_1 \cap W_2$ は V の部分空間となる．そこで，$W_1 \cap W_2$ の基底 $\{\boldsymbol{w}_1, \ldots, \boldsymbol{w}_\ell\}$ を取り，それを拡張し W_1 の基底 $\{\boldsymbol{w}_1, \ldots, \boldsymbol{w}_\ell, \boldsymbol{u}_1, \ldots \boldsymbol{u}_m\}$ と W_2 の基底 $\{\boldsymbol{w}_1, \ldots, \boldsymbol{w}_\ell, \boldsymbol{v}_1, \ldots \boldsymbol{v}_n\}$ を作る．このとき，

$$< \boldsymbol{w}_1, \ldots, \boldsymbol{w}_\ell, \boldsymbol{u}_1, \ldots \boldsymbol{u}_m >_{\mathbb{R}} = W_1, \quad < \boldsymbol{w}_1, \ldots, \boldsymbol{w}_\ell, \boldsymbol{v}_1, \ldots \boldsymbol{v}_n >_{\mathbb{R}} = W_2$$

であるから，

$$W_1 + W_2 =< \boldsymbol{w}_1, \ldots, \boldsymbol{w}_\ell, \boldsymbol{u}_1, \ldots \boldsymbol{u}_m, \boldsymbol{v}_1, \ldots \boldsymbol{v}_n >_{\mathbb{R}}$$

が成り立つ．さらに，線形関係

$$a_1\boldsymbol{w}_1 + \cdots + a_\ell\boldsymbol{w}_\ell + b_1\boldsymbol{u}_1 + \cdots + b_m\boldsymbol{u}_m + c_1\boldsymbol{v}_1 + \ldots + c_n\boldsymbol{v}_n = \boldsymbol{0}$$

成り立つなら，

$$a_1\boldsymbol{w}_1 + \cdots + a_\ell\boldsymbol{w}_\ell + b_1\boldsymbol{u}_1 + \cdots + b_m\boldsymbol{u}_m = -c_1\boldsymbol{v}_1 - \ldots - c_n\boldsymbol{v}_n \in W_1 \cap W_2$$

となる．よって $b_1 = \cdots b_m = 0$, $c_1 = \cdots = c_n = 0$ となり，$a_1\boldsymbol{w}_1 + \cdots + a_\ell\boldsymbol{w}_\ell = \boldsymbol{0}$ となる．しかし $\{\boldsymbol{w}_1, \ldots, \boldsymbol{w}_\ell\}$ は線形独立だから，$a_1 = \cdots = a_\ell = 0$ となる．よって $\{\boldsymbol{w}_1, \ldots, \boldsymbol{w}_\ell, \boldsymbol{u}_1, \ldots \boldsymbol{u}_m, \boldsymbol{v}_1, \ldots \boldsymbol{v}_n\}$ は線形独立であり，W_1+W_2 の基底となる．$\dim(W_1+W_2) = \ell+m+n$, $\dim(W_1 \cap W_2) = \ell$ だから，$\dim(W_1+W_2)+\dim(W_1 \cap W_2) = 2\ell+m+n = (\ell+m)+(\ell+n) = \dim(W_1) + \dim(W_2)$ であり，次の系を得る．

系 4.2 W_1 と W_2 が有限次元ベクトル空間 V の部分空間なら，

$$\dim(W_1+W_2)+\dim(W_1 \cap W_2) = \dim(W_1)+\dim(W_2) \quad (4.4)$$

が成り立つ．

基底の変換に関して，次の定理が成り立つ．

定理 4.2　V をベクトル空間，W を V の有限次元部分空間，$\{\boldsymbol{u}_1, \ldots, \boldsymbol{u}_m\}$ を W の基底とする．このとき，

$$\boldsymbol{v}_j = \sum_{i=1}^{m} \boldsymbol{u}_i \cdot p_{ij} \qquad (p_{ij} \in \mathbb{R},\ 1 \leqq j \leqq m) \tag{4.5}$$

とおくとき，$\{\boldsymbol{v}_1, \ldots, \boldsymbol{v}_m\}$ が W の基底となるための必要十分条件は，$P = (p_{ij})$ が可逆行列となることである．

証明#　V, W を定理の通りとし，$\{\boldsymbol{u}_1, \cdots, \boldsymbol{u}_m\}$ と $\{\boldsymbol{v}_1, \cdots, \boldsymbol{v}_m\}$ を W の 2 つの基底とする．このとき，

$$\boldsymbol{v}_j = \sum_{i=1}^{m} \boldsymbol{u}_i \cdot p_{ij} \ \ (p_{ij} \in \mathbb{R}), \qquad \boldsymbol{u}_i = \sum_{k=1}^{m} \boldsymbol{v}_k \cdot q_{ki} \ \ (q_{ki} \in \mathbb{R}) \tag{4.6}$$

と表すことができる．ここで $P = (p_{ij}), Q = (q_{ij})$ とおくと，

$$(\boldsymbol{v}_1, \ldots, \boldsymbol{v}_m) = (\boldsymbol{u}_1, \ldots, \boldsymbol{u}_m) \cdot P, \quad (\boldsymbol{u}_1, \ldots, \boldsymbol{u}_m) = (\boldsymbol{v}_1, \ldots, \boldsymbol{v}_m) \cdot Q \tag{4.7}$$

と書ける．よって

$$\boldsymbol{u}_j = \sum_{k=1}^{m} \boldsymbol{v}_k \cdot q_{kj} = \sum_{k=1}^{m} \left(\sum_{i=1}^{m} \boldsymbol{u}_i \cdot p_{ik} \right) \cdot q_{kj} = \sum_{i=1}^{m} \boldsymbol{u}_i \cdot \left(\sum_{k=1}^{m} p_{ik} \cdot q_{kj} \right)$$

となるが，$\boldsymbol{u}_1, \cdots, \boldsymbol{u}_m$ は線形独立だから，右辺の $\boldsymbol{u}_i$ の係数は $i = j$ のとき 1 でそれ以外のときには 0 となる．よって，

$$\sum_{k=1}^{m} p_{ik} \cdot q_{kj} = \begin{cases} 1 & \cdots i = j \text{ のとき} \\ 0 & \cdots i \neq j \text{ のとき}. \end{cases}$$

となる．よって $Q \cdot P = E_m$ が成り立つ．同様に，$P \cdot Q = E_m$ も得られる．よって P と Q は互いに逆行列となり，とくに可逆（正則）となる．

逆に，$\{\boldsymbol{u}_1, \cdots, \boldsymbol{u}_m\}$ が W の基底であり，$\boldsymbol{v}_1, \cdots, \boldsymbol{v}_m \in W$ が可逆行列 $P = (p_{ij})$ を使って

$$\boldsymbol{v}_j = \sum_{i=1}^{m} \boldsymbol{u}_i \cdot p_{ij} \qquad (p_{ij} \in \mathbb{R},\ 1 \leqq i \leqq m)$$

と書けたとする．このとき，$Q = (q_{ij}) = P^{-1}$ を P の逆行列とすると，

$$\boldsymbol{u}_j = \sum_{i=1}^{m} \boldsymbol{u}_i \cdot \left(\sum_{k=1}^{m} p_{ik} \cdot q_{kj} \right) = \sum_{k=1}^{m} \left(\sum_{i=1}^{m} \boldsymbol{u}_i \cdot p_{ik} \right) \cdot q_{kj} = \sum_{k=1}^{m} \boldsymbol{v}_k \cdot q_{kj}$$

となる．したがって，$\boldsymbol{u}_j \in < \boldsymbol{v}_1, \cdots, \boldsymbol{v}_m >_{\mathbb{R}}$ となり，$< \boldsymbol{v}_1, \cdots, \boldsymbol{v}_m >_{\mathbb{R}} = < \boldsymbol{u}_1, \cdots, \boldsymbol{u}_m >_{\mathbb{R}} = W$ となる．さらに，$c_1 \cdot \boldsymbol{v}_1 + \cdots + c_m \cdot \boldsymbol{v}_m = \boldsymbol{0}$ $(c_1, \ldots, c_m \in \mathbb{R})$ とすると，

$$\sum_{j=1}^{m} c_j \cdot \left(\sum_{k=1}^{m} \boldsymbol{u}_k \cdot p_{kj} \right) = \sum_{k=1}^{m} \left(\sum_{j=1}^{m} p_{kj} \cdot c_j \right) \cdot \boldsymbol{u}_k = \boldsymbol{0}$$

となる．ここで $\boldsymbol{u}_1, \cdots, \boldsymbol{u}_m$ は線形独立だから，$\sum_{j=1}^{m} p_{kj} \cdot c_j = 0$ がすべての $k = 1, \ldots, m$ について成り立つ．よって，

$$\begin{pmatrix} p_{11} & \cdots & p_{1m} \\ \vdots & \cdots & \vdots \\ p_{m1} & \cdots & p_{mm} \end{pmatrix} \cdot \begin{pmatrix} c_1 \\ \vdots \\ c_m \end{pmatrix} = \begin{pmatrix} 0 \\ \vdots \\ 0 \end{pmatrix}$$

となる．ここで P は可逆行列だから，この式に P^{-1} を左から掛けると，$c_1 = \cdots = c_m = 0$ となり，$\{\boldsymbol{v}_1, \cdots, \boldsymbol{v}_m\}$ は線形独立となる．よって $\{\boldsymbol{v}_1, \cdots, \boldsymbol{v}_m\}$ は W の基底となる．（証明終り）

例 4.10 $V = \mathbb{R}^m$，$\{\boldsymbol{e}_1, \ldots, \boldsymbol{e}_m\}$ を $\mathbb{R}^m$ の標準基底とし，$\{\boldsymbol{u}_1, \ldots, \boldsymbol{u}_m\}$ を $\mathbb{R}^m$ のもう一つの基底とする．このとき，

$$\boldsymbol{u}_j = \sum_{j=1}^{m} \boldsymbol{e}_i \cdot p_{ij} \quad (p_{ij} \in \mathbb{R},\ 1 \leqq i \leqq m)$$

とおくと，

$$(\boldsymbol{u}_1, \ldots, \boldsymbol{u}_m) = (\boldsymbol{e}_1, \ldots, \boldsymbol{e}_m) \cdot (p_{ij}) = E_m \cdot (p_{ij}) = (p_{ij})$$

となる．よって，

$$\boldsymbol{u}_j = \begin{pmatrix} p_{1j} \\ \vdots \\ p_{mj} \end{pmatrix}$$

となる．□

例 4.11 例 4.3 の

$$\boldsymbol{u} = \begin{pmatrix} 1 \\ -1 \\ 0 \end{pmatrix}, \quad \boldsymbol{v} = \begin{pmatrix} 0 \\ 1 \\ -1 \end{pmatrix}, \quad \boldsymbol{w} = \begin{pmatrix} -1 \\ 0 \\ 1 \end{pmatrix}$$

を取り，$V = \mathbb{R}^3$，$W =< \boldsymbol{u}, \boldsymbol{v}, \boldsymbol{w} >_{\mathbb{R}}$ とおく．例 4.7 より，$\{\boldsymbol{u}, \boldsymbol{v}\}$ と $\{\boldsymbol{v}, \boldsymbol{w}\}$ は W の基底をなす．

$$(\boldsymbol{u}, \boldsymbol{v}) = \begin{pmatrix} 1 & 0 \\ -1 & 1 \\ 0 & -1 \end{pmatrix}, \quad (\boldsymbol{v}, \boldsymbol{w}) = \begin{pmatrix} 0 & -1 \\ 1 & 0 \\ -1 & 1 \end{pmatrix}$$

であり，$\boldsymbol{u} = -\boldsymbol{v} - \boldsymbol{w}$, $\boldsymbol{v} = \boldsymbol{v}$ であるから，

$$(\boldsymbol{u}, \boldsymbol{v}) = (\boldsymbol{v}, \boldsymbol{w}) \cdot \begin{pmatrix} -1 & 1 \\ -1 & 0 \end{pmatrix}$$

となる． □

演習問題

1　ベクトル空間 $V = \mathbb{R}^3$ の 3 本のベクトル

$$\boldsymbol{v}_1 = \begin{pmatrix} 1 \\ 0 \\ -1 \end{pmatrix}, \quad \boldsymbol{v}_2 = \begin{pmatrix} 0 \\ -1 \\ 1 \end{pmatrix}, \quad \boldsymbol{v}_3 = \begin{pmatrix} 1 \\ 1 \\ 1 \end{pmatrix}$$

を考える．このとき，

(1)　$\boldsymbol{v}_1, \boldsymbol{v}_2, \boldsymbol{v}_3$ は 1 次独立であることを示せ．

(2)　V の標準的基底 $\boldsymbol{e}_1 . \boldsymbol{e}_2, \boldsymbol{e}_3$ を $\boldsymbol{v}_1, \boldsymbol{v}_2, \boldsymbol{v}_3$ に移す行列 $P \in M_3(\mathbb{R})$ を求めよ．

2　ベクトル空間 $V = \mathbb{R}^3$ の次の部分空間を考える：

$$W_1 = \left\langle \begin{pmatrix} 1 \\ 0 \\ -1 \end{pmatrix}, \begin{pmatrix} 0 \\ -1 \\ 1 \end{pmatrix} \right\rangle_{\mathbb{R}}, \quad W_2 = \left\langle \begin{pmatrix} 1 \\ 1 \\ 1 \end{pmatrix}, \begin{pmatrix} 1 \\ -1 \\ 0 \end{pmatrix} \right\rangle_{\mathbb{R}}$$

とおく．このとき，

(1)　W_1, W_2 は共に，V の 2 次元の部分空間となることを示せ．

(2)　$W_1 + W_2$ および $W_1 \cap W_2$ を求めよ．

3 $\mathbb{R}[x]$ で実数係数の多項式の全体を表す．このとき，

(1) $V = \mathbb{R}[x]$ は多項式の和 $f(x) + g(x) \in \mathbb{R}[x]$ ($f(x), g(x)$ は多項式) と多項式の定数倍 $c \cdot f(x) \in \mathbb{R}[x]$ (c は定数，$f(x)$ は多項式) に関してベクトル空間となることを示せ．

(2) $W(1) = \{f(x) \in V \mid f(-x) = f(x)\}$ を偶関数の全体，$W(-1) = \{g(x) \mid g(-x) = -g(x)\}$ を奇関数の全体とする．このとき，$W(1) = \{f(x^2) \mid f(x) \in \mathbb{R}[x]\}$，$W(-1) = \{x \cdot f(x^2) \mid f(x) \in \mathbb{R}[x]\}$ となることを示せ．

(3) $V = W(1) \oplus W(-1)$ となることを示せ[6]．

4.2 線形写像

定義 4.7 V と W をベクトル空間とする．このとき，写像 $f : V \longrightarrow W$ は，任意の $c_1, c_2 \in \mathbb{R}$ と任意の $\boldsymbol{v}_1, \boldsymbol{v}_2 \in V$ に対し

$$\text{(L)} \quad f(c_1 \cdot \boldsymbol{v}_1 + c_2 \cdot \boldsymbol{v}_2) = c_1 \cdot f(\boldsymbol{v}_1) + c_2 \cdot f(\boldsymbol{v}_2) \qquad (4.8)$$

をみたすとき**線形写像**または**1 次写像**であるという[7]．とくに，$V = W$ のときには，**線形変換**または**1 次変換**ということもある．

注意 4.5 $f : V \longrightarrow W$ を線形写像とし，$\mathbf{0}_V$ と $\mathbf{0}_W$ を V と W の零元とする．このとき，$f(\mathbf{0}_V) = \mathbf{0}_W$ と $f(-\boldsymbol{v}) = -f(\boldsymbol{v})$ ($\boldsymbol{v} \in V$) が成り立つことが分かる[8]．

定義 4.8 $f : V \longrightarrow W$ を線形写像とするとき，

$$\mathrm{Im}(f) = f(V) = \{\, f(\boldsymbol{v}) \mid \boldsymbol{v} \in V \,\}, \qquad (4.9)$$

---

6 $V, W(1), W(-1)$ は無限次元ベクトル空間となる．

7 条件 (L) は，任意の $\boldsymbol{v}_1, \boldsymbol{v}_2, \boldsymbol{v} \in V$ と任意の $c \in \mathbb{R}$ に対し，$f(\boldsymbol{v}_1 + \boldsymbol{v}_2) = f(\boldsymbol{v}) + f(\boldsymbol{v}_2)$ かつ $f(c \cdot \boldsymbol{v}) = c \cdot f(\boldsymbol{v})$ をみたすことと同値である．

8 $f(\mathbf{0}_V) + f(\mathbf{0}_V) = f(\mathbf{0}_V + \mathbf{0}_V) = f(\mathbf{0}_V)$ が成り立つから，$f(\mathbf{0}_V)$ は W の零元 $\mathbf{0}_W$ となる．また $f(\boldsymbol{v}) + f(-\boldsymbol{v}) = f(\boldsymbol{v} - \boldsymbol{v}) = f(\mathbf{0}) = \mathbf{0}_W$ だから，$f(-\boldsymbol{v}) = -f(\boldsymbol{v})$ となる．

$$\mathrm{Ker}(f) = f^{-1}(\mathbf{0}_W) = \{\, \boldsymbol{v} \in V \mid f(\boldsymbol{v}) = \mathbf{0}_W \,\} \tag{4.10}$$

と置き，$\mathrm{Im}(f)$ を f の**像**，$\mathrm{Ker}(f)$ を f の**核**という．

$\boldsymbol{w}_1, \boldsymbol{w}_2, \boldsymbol{w} \in \mathrm{Im}(f), r \in \mathbb{R}$ とし，$\boldsymbol{v}_1, \boldsymbol{v}_2, \boldsymbol{v} \in V$ を使って $\boldsymbol{w}_1 = f(\boldsymbol{v}_1)$, $\boldsymbol{w}_2 = f(\boldsymbol{v}_2), \boldsymbol{w} = f(\boldsymbol{v})$ と書く．このとき，$\boldsymbol{w}_1 + \boldsymbol{w}_2 = f(\boldsymbol{v}_1) + f(\boldsymbol{v}_2) = f(\boldsymbol{v}_1 + \boldsymbol{v}_2) \in \mathrm{Im}(f)$，$r \cdot \boldsymbol{w} = r \cdot f(\boldsymbol{v}) = f(r \cdot \boldsymbol{v}) \in \mathrm{Im}(f)$ となる．よって像 $\mathrm{Im}(f)$ は W の部分空間となる．同様にして，$\mathrm{Ker}(f)$ が V の部分空間となることも分かる．

例 4.12 $V = \mathbb{R}^3, W = \mathbb{R}^2$,

$$f : V = \mathbb{R}^3 \ni \begin{pmatrix} x \\ y \\ z \end{pmatrix} \longmapsto \begin{pmatrix} x \\ -x \end{pmatrix} \in \mathbb{R}^2 = W$$

とする．f は線形写像であり，その像と核は次の様になる：

$$\mathrm{Im}(f) = \left\{ \begin{pmatrix} u \\ v \end{pmatrix} \in \mathbb{R}^2 \,\middle|\, u + v = 0 \right\}, \quad \mathrm{Ker}(f) = \left\{ \begin{pmatrix} 0 \\ y \\ z \end{pmatrix} \,\middle|\, y, z \in \mathbb{R} \right\}.$$

□

定義 4.9 $a_1, a_2 \in \mathbb{R}$ とし，$f_1, f_2 : V \longrightarrow W$ を線形写像とする．このとき，写像の線形結合 $a_1 \cdot f_1 + a_2 \cdot f_2 : V \longrightarrow W$ を

$$(a_1 \cdot f_1 + a_2 \cdot f_2)(\boldsymbol{v}) = a_1 \cdot f_1(\boldsymbol{v}) + a_2 \cdot f_2(\boldsymbol{v}) \qquad (\boldsymbol{v} \in V)$$

で定義すると，$a_1 \cdot f_1 + a_2 \cdot f_2$ も線形写像となる[9]．よって，

$$\mathrm{Hom}_{\mathbb{R}}(V, W) = \{ f : V \longrightarrow W \mid f \text{ は線形写像} \}$$

はベクトル空間となる．

---

[9] $(a_1 f_1 + a_2 f_2)(c_1 \boldsymbol{v}_1 + c_2 \boldsymbol{v}_2) = a_1 f_1(c_1 \boldsymbol{v}_1 + c_2 \boldsymbol{v}_2) + a_2 f_2(c_1 \boldsymbol{v}_1 + c_2 \boldsymbol{v}_2) = a_1 c_1 f_1(\boldsymbol{v}_1) + a_1 c_2 f_1(\boldsymbol{v}_2) + a_2 c_1 f_2(\boldsymbol{v}_1) + a_2 c_2 f_2(\boldsymbol{v}_2) = c_1(a_1 f_1(\boldsymbol{v}_1) + a_2 f_2(\boldsymbol{v}_1)) + c_2(a_1 f_1(\boldsymbol{v}_2) + a_2 f_2(\boldsymbol{v}_2)) = c_1 \cdot (a_1 f_1 + a_2 f_2)(\boldsymbol{v}_1) + c_2 \cdot (a_1 f_1 + a_2 f_2)(\boldsymbol{v}_2)$ となり線形写像となる．

例 4.13 $V = \mathbb{R}^3$, $W = \mathbb{R}^2$, $f : V \longrightarrow W$ を例 4.12 の通りとし,

$$g : V = \mathbb{R}^3 \ni \begin{pmatrix} x \\ y \\ z \end{pmatrix} \longmapsto \begin{pmatrix} y \\ z \end{pmatrix} \in \mathbb{R}^2 = W$$

とする．このとき，$a, b \in \mathbb{R}$ に対し,

$$a \cdot f + b \cdot g : V = \mathbb{R}^3 \ni \begin{pmatrix} x \\ y \\ z \end{pmatrix} \longmapsto \begin{pmatrix} a \cdot x + b \cdot y \\ -a \cdot x + b \cdot z \end{pmatrix} \in \mathbb{R}^2 = W$$

となる． □

例 4.14 $V = W = \mathbb{R}^2$, $a, b, c, d \in \mathbb{R}$ とする．このとき $f_{a,b,c,d} : V \longrightarrow V$ を,

$$f_{a,b,c,d} : \mathbb{R}^2 \ni \begin{pmatrix} x \\ y \end{pmatrix} \longmapsto \begin{pmatrix} a & b \\ c & d \end{pmatrix} \cdot \begin{pmatrix} x \\ y \end{pmatrix} = \begin{pmatrix} a \cdot x + b \cdot y \\ c \cdot x + d \cdot y \end{pmatrix} \in \mathbb{R}^2$$

で定義すると，$f_{a,b,c,d}$ は線形写像となる．

$$\boldsymbol{e}_1 = \begin{pmatrix} 1 \\ 0 \end{pmatrix}, \qquad \boldsymbol{e}_2 = \begin{pmatrix} 0 \\ 1 \end{pmatrix}$$

を $\mathbb{R}^2$ の標準基底とする．このとき，任意の $\mathbb{R}^2$ のベクトル $\boldsymbol{v}$ は,

$$\boldsymbol{v} = x \cdot \boldsymbol{e}_1 + y \cdot \boldsymbol{e}_2 \qquad (x, y \in \mathbb{R})$$

と書け，$f : \mathbb{R}^2 \longrightarrow \mathbb{R}^2$ を線形写像とすると，$f(\boldsymbol{v}) = x \cdot f(\boldsymbol{e}_1) + y \cdot f(\boldsymbol{e}_2)$ となる．そこで,

$$f(\boldsymbol{e}_1) = \begin{pmatrix} a \\ c \end{pmatrix}, \qquad f(\boldsymbol{e}_1) = \begin{pmatrix} b \\ d \end{pmatrix}$$

$(a, b, c, d \in \mathbb{R})$ とおくと,

$$f(\boldsymbol{v}) = x \cdot f(\boldsymbol{e}_1) + y \cdot f(\boldsymbol{e}_2) = x \cdot \begin{pmatrix} a \\ c \end{pmatrix} + y \cdot \begin{pmatrix} b \\ d \end{pmatrix}$$

$$= x \cdot f_{a,b,c,d}(\boldsymbol{e}_1) + y \cdot f_{a,b,c,d}(\boldsymbol{e}_2) = f_{a,b,c,d}(x \cdot \boldsymbol{e}_1 + y \cdot \boldsymbol{e}_2) = f_{a,b,c,d}(\boldsymbol{v})$$

となる．よって，任意の線形写像 $f : \mathbb{R}^2 \longrightarrow \mathbb{R}^2$ は，適当な $a, b, c, d \in \mathbb{R}$ を取ると，$f = f_{a,b,c,d}$ と書ける． □

写像 $f : V \longrightarrow W$ は，$\boldsymbol{v}_1, \boldsymbol{v}_2 \in V$ が $f(\boldsymbol{v}_1) = f(\boldsymbol{v}_2)$ をみたすのは $\boldsymbol{v}_1 = \boldsymbol{v}_2$ に限るなら，f は1対1であるといい，写像 $f : V \longrightarrow W$ は，任意の $\boldsymbol{w} \in W$ に対し $\boldsymbol{v} \in V$ で $f(\boldsymbol{v}) = \boldsymbol{w}$ をみたすものが存在する（$\mathrm{Im}(f) = W$ となる）とき，上への写像（全射）であるといった（第1章1節参照）．

f は線形写像だから，$f(\boldsymbol{v}_1) = f(\boldsymbol{v}_2)$ が成り立つための必要十分条件は，$f(\boldsymbol{v}_1 - \boldsymbol{v}_2) = \boldsymbol{0}_V$ が成り立つことである．よって，線形写像 f が1対1となるための必要十分条件は，$f(\boldsymbol{v}) = \boldsymbol{0}_V$ をみたすのは $\boldsymbol{v} = \boldsymbol{0}_V$ に限るときである．言い直すと，線形写像 f が1対1となるための必要十分条件は $\mathrm{Ker}(f) = \{\boldsymbol{0}_V\}$ となることである．

例 4.15 $f_{a,b,c,d}$ を例 4.14 の通りとし，$ad - bc \neq 0$ とする．そこで

$$A = \begin{pmatrix} a & b \\ c & d \end{pmatrix}, \qquad \boldsymbol{v} = \begin{pmatrix} x \\ y \end{pmatrix}$$

とおき，方程式

$$(\sharp)\ f_{a,b,c,d}(\boldsymbol{v}) = A \cdot \boldsymbol{v} = \boldsymbol{0}$$

を考える．

仮定 $ad - bc = \det(A) \neq 0$ より，A は可逆行列である．よって，

$$\boldsymbol{v} = E_2 \cdot \boldsymbol{v} = (A^{-1} \cdot A) \cdot \boldsymbol{v} = A^{-1} \cdot (A \cdot \boldsymbol{v}) = A^{-1} \cdot \boldsymbol{0} = \boldsymbol{0}$$

となり，$x = y = 0$ となり，$\boldsymbol{v} = \boldsymbol{0}$ となる．よって $ad - bc \neq 0$ なら，$f_{a,b,c,d}(\boldsymbol{v}) = \boldsymbol{0}$ となるなら，$\boldsymbol{v} = \boldsymbol{0}$ である．よって $f_{a,b,c,d}$ は1対1となる．

□

線形写像の核と像に関して次の定理が成り立つ．

定理 4.3 $f : V \longrightarrow W$ を有限次元ベクトル空間の間の線形写像とする．このとき次式が成り立つ[10]：

$$\dim(V) - \dim(\mathrm{Ker}(f)) = \dim(\mathrm{Im}(f)). \qquad (4.11)$$

証明$^{\#}$ $f : V \longrightarrow W$ を線形写像し，$n = \dim(V)$, $m = \dim(W)$ とおく．$\{\boldsymbol{v}_1, \ldots, \boldsymbol{v}_\ell\}$ を $\mathrm{Ker}(f)$ の基底とし，これを（系 4.1 を使って）V の基底に拡張したものを $\{\boldsymbol{v}_1, \ldots, \boldsymbol{v}_\ell, \boldsymbol{v}_{\ell+1}, \ldots, \boldsymbol{v}_n\}$ とする．このとき，

$$f(\boldsymbol{v}_i) = \boldsymbol{0}_W \ (1 \leqq i \leqq \ell),$$

だから，

$$< f(\boldsymbol{v}_{\ell+1}), \ldots, f(\boldsymbol{v}_n) >_{\mathbb{R}} = < f(\boldsymbol{v}_1), \ldots, f(\boldsymbol{v}_n) >_{\mathbb{R}} = \mathrm{Im}(f)$$

となる．さらに，$\{f(\boldsymbol{v}_{\ell+1}), \ldots, f(\boldsymbol{v}_n)\}$ が線形関係

$$c_{\ell+1} f(\boldsymbol{v}_{\ell+1}) + \cdots + c_n f(\boldsymbol{v}_n) = \boldsymbol{0}_W \qquad (c_{\ell+1}, \ldots, c_n \in \mathbb{R})$$

をみたすなら，$c_{\ell+1}\boldsymbol{v}_{\ell+1} + \cdots + c_n\boldsymbol{v}_n \in \mathrm{Ker}(f)$ となる．したがって，$c_{\ell+1}\boldsymbol{v}_{\ell+1} + \cdots + c_n\boldsymbol{v}_n$ は $\boldsymbol{v}_1, \ldots, \boldsymbol{v}_\ell$ の線形結合で表される．しかし $\boldsymbol{v}_1, \ldots, \boldsymbol{v}_\ell, \boldsymbol{v}_{\ell+1}, \ldots, \boldsymbol{v}_n$ は線形独立だから，$c_{\ell+1} = 0, \ldots, c_n = 0$ となる．よって $f(\boldsymbol{v}_{\ell+1}), \ldots, f(\boldsymbol{v}_n)$ は線形独立であり，$\dim(\mathrm{Im}(f)) = n - \ell = \dim(V) - \dim(\mathrm{Ker}(f))$ である．（**証明終り**）

例 4.16 例 4.12 の

$$f : V = \mathbb{R}^3 \ni \begin{pmatrix} x \\ y \\ z \end{pmatrix} \longmapsto \begin{pmatrix} x \\ -x \end{pmatrix} \in \mathbb{R}^2 = W$$

では，$\dim(V) = 3$, $\dim(W) = 2$, $\dim(\mathrm{Ker}(f)) = 2$, $\dim(\mathrm{Im}(f)) = 1$ であり，

---

10 ベクトル空間の部分空間による商空間を使うと，この定理は f は 商空間 $V/\mathrm{Ker}f$ から像 $\mathrm{Im}(f)$ への同形写像 $\overline{f} : V/\mathrm{Ker}f \simeq \mathrm{Im}(f)$ を引き起こすという形に精密化される．

$$\dim(V) - \dim(\mathrm{Ker}(f)) = 3 - 2 = 1 = \dim(\mathrm{Im}(f))$$

が成り立つ. □

$\mathrm{Im}(f) = W$, $\mathrm{Ker}(f) = \{\mathbf{0}_V\}$ となるための必要十分条件は, 各々, $\dim(\mathrm{Im}(f)) = \dim(W)$, $\dim(\mathrm{Ker}(f)) = 0$ であるから, この定理より次の系が得られる：

系 4.3 (1) 線形写像 f が 1 対 1 となるための必要十分条件は,

$$\dim(V) = \dim(\mathrm{Im}(f)) \tag{4.12}$$

であり, (2) 線形写像 f が上への写像となるための必要十分条件は,

$$\dim(V) - \dim(\mathrm{Ker}(f)) = \dim(W) \tag{4.13}$$

である.

$f : V \longrightarrow V$ を有限次元ベクトル空間 V から V 自身への線形写像とする. このとき, f が 1 対 1 となるための必要十分条件は, $\mathrm{Ker}(f) = \{\mathbf{0}\}$ となることであり, 系より, $\dim(V) = \dim(\mathrm{Im}(f))$ となることである. ところが, $\mathrm{Im}(f)$ は V の部分空間だから, この等式が成り立つための必要十分条件は, $\mathrm{Im}(f) = V$ となることである. したがって, f が 1 対 1 となるための必要十分条件は, f が上への写像となることである. これより次の系が得られる.

系 4.4 有限次元ベクトル空間 V から V への線形写像 $f : V \longrightarrow V$ については, f が 1 対 1 であること, 上への写像であること, 1 対 1 で上への写像であることの 3 条件は同値である.

例 4.17 例 4.15 より, $ad - bc \neq 0$ なら,

$$f_{a,b,c,d} : \mathbb{R}^2 \ni \begin{pmatrix} x \\ y \end{pmatrix} \longmapsto \begin{pmatrix} a & b \\ c & d \end{pmatrix} \cdot \begin{pmatrix} x \\ y \end{pmatrix} \in \mathbb{R}^2$$

は 1 対 1 の写像である. したがって, 系より, $f_{a,b,c,d}$ は上への写像となり, 任意の $\boldsymbol{w} \in W$ に対し, 方程式 $f_{a,b,c,d}(\boldsymbol{v}) = \boldsymbol{w}$ は解 $\boldsymbol{v} \in V$ を持つ.

このことは，$ad - bc \neq 0$ なら，A は可逆行列であり，

$$A \cdot \boldsymbol{v} = \boldsymbol{w} \iff \boldsymbol{v} = A^{-1} \cdot \boldsymbol{w}$$

となることからも説明できる． □

定義 4.10 集合 G に積 $\cdot : G \times G \longrightarrow G$ が定義され，結合法則をみたし，逆元と単位元が存在するとき $(G, \cdot)$ は**群**であるという[11]．

$f : U \longrightarrow V$ と $g : V \to W$ が 1 対 1 かつ上への写像なら，合成写像 $g \circ f : U \longrightarrow W$ も 1 対 1 かつ上への写像である．さらに，写像の合成は結合法則 $h \circ (g \circ f) = (h \circ g) \circ f$ をみたす．

$f : V \longrightarrow W$ が 1 対 1 かつ上への写像なら，任意の $\boldsymbol{w} \in W$ に対し，$\boldsymbol{v} \in V$ で $f(\boldsymbol{v}) = w$ となるものが唯一つ存在する．そこで，我々は逆写像 $f^{-1} : W \longrightarrow V$ を $f^{-1}(\boldsymbol{w}) = \boldsymbol{v}$ で定めた．

ここで，f を線形写像とすると，f^{-1} が線形であることは容易に確かめられる[12]．よって次の命題を得る：

命題 4.3 V をベクトル空間とする．このとき

$$GL(V) = \{ f : V \longrightarrow V \mid f \text{ は 1 対 1 かつ上への線形写像} \} \tag{4.14}$$

は，写像の合成を使って積を定義すると，結合法則をみたし，逆元を持ち，恒等写像 id_V を単位元（$f \circ \mathrm{id}_V = f = \mathrm{id}_V \circ f$）とする群となる．これを**一般線形群**と呼ぶ．とくに，$V = \mathbb{R}^m$ の場合には，$GL_m(\mathbb{R})$ で一般線形群 $GL(V)$ を表す．

---

11 第 1 章のアーベル群は，積が可換な（$g_1 \cdot g_2 = g_2 \cdot g_1$ となる）群のことである．

12 $\boldsymbol{w}_1, \boldsymbol{w}_2$ が与えられたとき，$f(\boldsymbol{v}_1) = \boldsymbol{w}_1$, $f(\boldsymbol{v}_2) = \boldsymbol{w}_2$ となる $\boldsymbol{v}_1, \boldsymbol{v}_2 \in V$ をとる．このとき，$f(c_1\boldsymbol{v}_+ c_2\boldsymbol{v}_2) = c_1 f(\boldsymbol{v}_1) + c_2 f(\boldsymbol{v}_2)$ となるから，$f(c_1 f^{-1}(\boldsymbol{w}_1) + c_2 f^{-1}(\boldsymbol{w}_2)) = c_1\boldsymbol{w}_1 + c_2\boldsymbol{w}_2$ となる．これは $c_1 f^{-1}(\boldsymbol{w}_1) + c_2 f^{-1}(\boldsymbol{w}_2) = f^{-1}(c_1\boldsymbol{w}_1 + c_2\boldsymbol{w}_2)$ を意味する．

例 4.18

$$A = \begin{pmatrix} a & b \\ c & d \end{pmatrix}$$

とし，$f_{a,b,c,d}$ を f_A とおく．よって，

$$f_A : \mathbb{R}^2 \ni \begin{pmatrix} x \\ y \end{pmatrix} \longmapsto A \cdot \begin{pmatrix} x \\ y \end{pmatrix} \in \mathbb{R}^2,$$

である．

この写像 $f = f_A$ が 1 対 1 かつ上への写像なら，線形写像である逆写像 f^{-1} が存在する．よって，例 4.14 より，$f^{-1} = f_B$（B は 2 次の正方行列）と書ける．ここで，

$$(f_{B \cdot A})(\boldsymbol{v}) = (B \cdot A)(\boldsymbol{v}) = B \cdot (A \cdot \boldsymbol{v}) = f_B(f_A(\boldsymbol{v})) = f^{-1}(f(\boldsymbol{v})) = \boldsymbol{v}$$

となる．よって，$f_{B \cdot A} = \mathrm{id}$ となるから，$B \cdot A = E_2$ となる．よって A は逆行列 B を持ち，$\det(A) = ad - bc \neq 0$ となる．したがって，

$$GL\left(\mathbb{R}^2\right) = \left\{ f_A : \mathbb{R}^2 \longrightarrow \mathbb{R}^2 \;\middle|\; A = \begin{pmatrix} a & b \\ c & d \end{pmatrix},\ ad - bc \neq 0 \right\} \tag{4.15}$$

となる．□

演習問題

1　$\mathbb{R}^3$ から $\mathbb{R}^2$ への射影

$$p : \mathbb{R}^3 \ni \begin{pmatrix} x \\ y \\ z \end{pmatrix} \longmapsto \begin{pmatrix} x \\ z \end{pmatrix} \in \mathbb{R}^2$$

は線形写像であることを示せ．

2　$\mathbb{R}$ から $\mathbb{R}$ への絶対値を取る写像

$$|\ \ | : \mathbb{R} \ni x \longmapsto |x| \in \mathbb{R}$$

は線形写像ではないことを示せ．

3 (1) x の多項式の全体を

$$\mathbb{R}[x] = \{f(x) = c_0 + c_1x + c_2x^2 + \cdots + c_mx^m \mid c_0, c_1, c_2, \cdots, c_m \in \mathbb{R}\}$$

とおく．このとき，多項式の和と積

$$\sum_{i=1}^{\infty} c_ix^i + \sum_{i=1}^{\infty} d_ix^i = \sum_{i=1}^{\infty}(c_i + d_i)x^i, \qquad c \cdot \sum_{i=1}^{\infty} c_ix^i = \sum_{i=1}^{\infty}(c \cdot c_i)x^i$$

に関して，$\mathbb{R}[x]$ はベクトル空間となることを示せ．

(2) x を掛ける写像

$$x : f(x) = c_0 + c_1x + \cdots + c_mx^m \longmapsto xf(x) = c_0x + c_1x^2 + \cdots + c_mx^{m+1}$$

は 1 対 1 だが，上への写像ではないことを示せ．

(3) 微分

$$D : f(x) = c_0 + c_1x + c_2x^2 + \cdots + c_mx^m \longmapsto f'(x) = c_1 + c_2x^1 + \cdots + c_mx^{m-1}$$

は線形写像であることを示せ．

(4) 微分 D の核 $\mathrm{Ker}(D)$ と像 $\mathrm{Im}(D)$ を求め，D は上への写像だが 1 対 1 ではないことを示せ．

4 V をベクトル空間，W を V の部分空間とする．このとき，$\boldsymbol{v} \in V$ に対し，V の部分集合 $\boldsymbol{v} + W$ を

$$\boldsymbol{v} + W = \{\boldsymbol{v} + \boldsymbol{w} \mid \boldsymbol{w} \in W\}$$

でさだめる．このとき，次を示せ．

(1) $\boldsymbol{v}_1, \boldsymbol{v}_2 \in V$ を取るとき，V の部分集合として $\boldsymbol{v}_1 + W = \boldsymbol{v}_2 + W$ となるのは，$\boldsymbol{v}_2 - \boldsymbol{v}_1 \in W$ となる場合であることを示せ．

(2) V/W で $\boldsymbol{v} + W$ $(\boldsymbol{v} \in V)$ の形の V の部分集合全体を表す．このとき，V/W の上に和と $\mathbb{R}$ の作用を

$$(\boldsymbol{v}_1 + W) + (\boldsymbol{v}_2 + W) = (\boldsymbol{v}_1 + \boldsymbol{v}_2) + W,$$

$$c \cdot (\boldsymbol{v} + W) = (c \cdot \boldsymbol{v}) + W$$

$(\boldsymbol{v}_1, \boldsymbol{v}_2, \boldsymbol{v} \in V,\ c \in \mathbb{R})$ で定めることができることを示せ．

（ヒント）V/W の元は，相異なる 2 つの $\boldsymbol{v}, \boldsymbol{v}'$ に対して，$\boldsymbol{v} + W = \boldsymbol{v}' + W$ となるかも知れない．この様な取り替え方をしても，右辺の $(\boldsymbol{v}_1 + \boldsymbol{v}_2) + W$ や $(c \cdot \boldsymbol{v}) + W$ は同じ V の部分集合となることを示す．

(3) この和と作用により，V/W はベクトル空間となることを示せ．

5 有限次元ベクトル空間 V に対し，

$$V^* = \{f : V \longrightarrow \mathbb{R} \mid \text{線形写像}\} \tag{4.16}$$

とおき，V^* を V の**双対空間**と呼ぶ．このとき，次を示せ：

(1) V^* はベクトル空間となる．

(2) $\{\boldsymbol{v}_1, \boldsymbol{v}_2, \ldots, \boldsymbol{v}_m\}$ を V の基底とし，

$$\boldsymbol{v}_i^* : V \ni \boldsymbol{v} = a_1\boldsymbol{v}_1 + a_2\boldsymbol{v}_2 + \cdots + a_m\boldsymbol{v}_m \longmapsto a_i \in \mathbb{R} \tag{4.17}$$

$(i = 1, 2, \ldots, m)$ とおくと，$\boldsymbol{v}_i^*$ は線形写像となる．

(3) $\{\boldsymbol{v}_1^*, \boldsymbol{v}_2^*, \ldots, \boldsymbol{v}_m^*\}$ は V^* の基底となる．

(4) V の元 $\boldsymbol{v}$ に対し，

$$\boldsymbol{v}^{**} : V^* \ni \boldsymbol{u}^* \longmapsto \boldsymbol{u}^*(\boldsymbol{v}) \in \mathbb{R} \tag{4.18}$$

とおくと，$\boldsymbol{v}^{**} \in (V^*)^*$ となり，

$$V \ni \boldsymbol{v} \longmapsto \boldsymbol{v}^{**} \tag{4.19}$$

は V から $(V^*)^*$ への 1 対 1 で上への写像を与える．

4.3 行列と線形写像

$\{\boldsymbol{e}_1, \ldots, \boldsymbol{e}_n\}$ と $\{\boldsymbol{e}'_1, \ldots, \boldsymbol{e}'_m\}$ を $\mathbb{R}^n$ と $\mathbb{R}^m$ の標準的基底とし，$A \in M_{m,n}(\mathbb{R})$ を (m, n) 型の行列とする．そこで線形写像 f_A を

$$f_A : \mathbb{R}^n \ni \boldsymbol{x} = \sum_{j=1}^{n} x_j \cdot \boldsymbol{e}_j \longmapsto f_A(\boldsymbol{x}) = A \cdot \boldsymbol{x} = \sum_{i=1}^{m} \left(\sum_{j=1}^{n} a_{ij} \cdot x_j \right) \cdot \boldsymbol{e}'_i \in \mathbb{R}^m \tag{4.20}$$

で定める．このとき，

$$f_A\left(\begin{pmatrix} x_1 \\ x_2 \\ \vdots \\ x_n \end{pmatrix}\right) = \begin{pmatrix} a_{11} & a_{12} & \cdots & a_{1n} \\ a_{21} & a_{22} & \cdots & a_{2n} \\ \vdots & \vdots & \cdots & \vdots \\ a_{m1} & a_{m2} & \cdots & a_{mn} \end{pmatrix} \cdot \begin{pmatrix} x_1 \\ x_2 \\ \vdots \\ x_n \end{pmatrix} \tag{4.21}$$

となる．そこで行列 $A \in M_{m,n}(\mathbb{R})$ とそれから作られる列ベクトルの全体 $(\boldsymbol{a}_1, \cdots, \boldsymbol{a}_n) \in (\mathbb{R}^m)^n$ を同一視すると，

$$f(\boldsymbol{e}_j) = \begin{pmatrix} a_{11} & a_{12} & \cdots & a_{1n} \\ a_{21} & a_{22} & \cdots & a_{2n} \\ \vdots & \vdots & \cdots & \vdots \\ a_{m1} & a_{m2} & \cdots & a_{mn} \end{pmatrix} \cdot \boldsymbol{e}_j = \begin{pmatrix} a_{1j} \\ a_{2j} \\ \vdots \\ \vdots \\ a_{mj} \end{pmatrix} = \boldsymbol{a}_j, \tag{4.22}$$

$$(f(\boldsymbol{e}_1), \cdots, f(\boldsymbol{e}_n)) = (\boldsymbol{a}_1, \cdots, \boldsymbol{a}_n) = \begin{pmatrix} a_{11} & a_{12} & \cdots & a_{1n} \\ a_{21} & a_{22} & \cdots & a_{2n} \\ \vdots & \vdots & \cdots & \vdots \\ a_{m1} & a_{m2} & \cdots & a_{mn} \end{pmatrix} = A$$

を得る．

逆に，$f : \mathbb{R}^n \longrightarrow \mathbb{R}^m$ を任意の線形写像とするとき，行列 $A \in M_{m,n}(\mathbb{R})$ を

$$A = (f(\boldsymbol{e}_1), \cdots, f(\boldsymbol{e}_n))$$

で定める．このとき，任意の

$$\boldsymbol{x} = \sum_{j=1}^{n} x_j \boldsymbol{e}_j = \begin{pmatrix} x_1 \\ x_2 \\ \vdots \\ x_n \end{pmatrix}$$

に対し,

$$f(\boldsymbol{x}) = f\left(\sum_{j=1}^{n} x_j \boldsymbol{e}_j\right) = \sum_{j=1}^{n} x_j f(\boldsymbol{e}_j)$$

$$= \sum_{j=1}^{n} x_j \begin{pmatrix} a_{1j} \\ a_{2j} \\ \vdots \\ \vdots \\ a_{mj} \end{pmatrix} = \begin{pmatrix} \sum_{j=1}^{n} a_{1j}x_j \\ \sum_{j=1}^{n} a_{2j}x_j \\ \vdots \\ \vdots \\ \sum_{j=1}^{n} a_{mj}x_j \end{pmatrix} = A \cdot \boldsymbol{x}$$

となる．よって，任意の線形写像 $f : \mathbb{R}^n \longrightarrow \mathbb{R}^m$ は，行列 $A = (f(\boldsymbol{e}_1), \cdots, f(\boldsymbol{e}_n)) \in M_{m,n}(\mathbb{R})$ を使って $f(\boldsymbol{x}) = A \cdot \boldsymbol{x}$ と書ける．これで次の定理が証明された.

定理 4.4　行列 $A = (a_{ij}) \in M_{m,n}(\mathbb{R})$ が与えられると,

$$f_A : \mathbb{R}^n \ni \boldsymbol{x} = (x_j) \longmapsto A \cdot \boldsymbol{x} = \sum_{j=1}^{n} a_{ij}x_j \in \mathbb{R}^m \tag{4.23}$$

により線形写像 $f_A \in \mathrm{Hom}(\mathbb{R}^n, \mathbb{R}^m)$ を作ることができる．逆に，任意の線形写像 $f : \mathbb{R}^n \longrightarrow \mathbb{R}^m \in \mathrm{Hom}(\mathbb{R}^n, \mathbb{R}^m)$ は適当な $A \in M_{m,n}(\mathbb{R})$ からこのようにして作られる．A と f は

$$A = (f(\boldsymbol{e}_1), \ldots, f(\boldsymbol{e}_n)) \tag{4.24}$$

という関係を持つ．これにより，$M_{m,n}(\mathbb{R})$ と $\mathrm{Hom}(\mathbb{R}^n, \mathbb{R}^m)$ を同一視できる.

第1章で示した様に，行列が引き起こす2つの線形写像

$$f = f_A,\ g = f_B\ (A \in M_{\ell m}(\mathbb{R}),\ B \in M_{mn}(\mathbb{R}))$$

があるとき，標準的基底$\boldsymbol{e}_k \in \mathbb{R}^n$, $(k = 1, \ldots, n)$ に対し,

$$(f_A \circ f_B)(\boldsymbol{e}_k) = f_A(f_B(\boldsymbol{e}_k)) = A \cdot \begin{pmatrix} b_{1k} \\ b_{2k} \\ \vdots \\ b_{mk} \end{pmatrix} = \begin{pmatrix} \sum_{j=1}^n a_{1j}b_{jk} \\ \sum_{i=1}^n a_{2j}b_{jk} \\ \vdots \\ \sum_{i=1}^n a_{\ell j}b_{jk} \end{pmatrix}$$
$$= (A \cdot B)(\boldsymbol{e}_k) = f_{A \cdot B}(\boldsymbol{e}_k)$$

となるから,

$$f_A \circ f_B = f_{A \cdot B} \tag{4.25}$$

が成り立つ（定理 1.3）．したがって，行列の積に対する線形写像は，各々の行列に対する線形写像の合成となる．

与えられた線形写像を行列で表現する場合に，基底の取り替えに関し次の定理が成り立つ．

定理 4.5 線形写像 $f : \mathbb{R}^n \longrightarrow \mathbb{R}^m$ は，行列 $A = (a_{ij}) \in M_{m,n}(\mathbb{R})$ により $f : \mathbb{R}^n \ni \boldsymbol{x} \longmapsto A \cdot \boldsymbol{x} \in \mathbb{R}^m$ で与えられるとする．$\{\boldsymbol{u}_1, \ldots, \boldsymbol{u}_n\}$ と $\{\boldsymbol{v}_1, \ldots, \boldsymbol{v}_m\}$ を $\mathbb{R}^n$ と $\mathbb{R}^m$ の新しい基底とし，$P = (p_{ij}) \in M_n(\mathbb{R})$ と $Q = (q_{k\ell}) \in M_m(\mathbb{R})$ を

$$(\boldsymbol{u}_1, \ldots, \boldsymbol{u}_n) = (\boldsymbol{e}_1, \ldots, \boldsymbol{e}_n) \cdot P, \quad (\boldsymbol{v}_1, \ldots, \boldsymbol{u}_m) = (\boldsymbol{e}'_1, \ldots, \boldsymbol{e}'_m) \cdot Q \tag{4.26}$$

をみたす可逆行列とする．このとき，これら新しい基底 $\{\boldsymbol{u}_1, \ldots, \boldsymbol{u}_n\}$ と $\{\boldsymbol{v}_1, \ldots, \boldsymbol{v}_m\}$ に関し，f は $Q^{-1}AP$ で表される：

$$f : \mathbb{R}^n \ni (\boldsymbol{u}_1, \cdots, \boldsymbol{u}_n) \cdot \boldsymbol{y} \longmapsto (\boldsymbol{v}_1, \cdots, \boldsymbol{v}_m) \cdot (Q^{-1}AP) \cdot \boldsymbol{y} \in \mathbb{R}^m. \tag{4.27}$$

証明# $\{\boldsymbol{u}_1, \ldots, \boldsymbol{u}_n\}, \{\boldsymbol{v}_1, \ldots, \boldsymbol{v}_m\}$ と $P = (p_{ij}) \in M_n(\mathbb{R}), Q = (q_{k\ell}) \in M_m(\mathbb{R})$ を定理の通りとする．$\{\boldsymbol{u}_1, \ldots, \boldsymbol{u}_n\}$ と $\{\boldsymbol{v}_1, \ldots, \boldsymbol{v}_m\}$ は基底だから，基底の間の関

係を定める P と Q は可逆行列である．また，f と A の関係より，

$$(f(\boldsymbol{e}_1),\ldots,f(\boldsymbol{e}_n)) = A = (\boldsymbol{e}'_1,\ldots,\boldsymbol{e}'_m)\cdot A$$

が成り立つ．f は線形写像だから，

$$\begin{aligned}(f(\boldsymbol{u}_1),\ldots,f(\boldsymbol{u}_n)) &= \left(f\left(\sum_{i=1}^n \boldsymbol{e}_i p_{i1}\right),\ldots,f\left(\sum_{i=1}^n \boldsymbol{e}_i p_{in}\right)\right)\\ &= \left(\sum_{i=1}^n f(\boldsymbol{e}_i)p_{i1},\ldots,\sum_{i=1}^n f(\boldsymbol{e}_i)p_{in}\right) = (f(\boldsymbol{e}_1),\ldots,f(\boldsymbol{e}_n))\cdot P\\ &= (\boldsymbol{e}'_1,\ldots,\boldsymbol{e}'_m)\cdot A\cdot P = (\boldsymbol{v}_1,\ldots,\boldsymbol{u}_m)\cdot(Q^{-1}\cdot A\cdot P)\end{aligned}$$

となる．

$y_1,\ldots,y_n\in\mathbb{R}$ を任意に取り，

$$\boldsymbol{y} = \begin{pmatrix} y_1\\ \vdots\\ y_n\end{pmatrix},$$

$$\boldsymbol{y}' = \sum_{i=1}^n y_i\boldsymbol{u}_i = (\boldsymbol{u}_1,\ldots,\boldsymbol{u}_n)\cdot\begin{pmatrix} y_1\\ \vdots\\ y_n\end{pmatrix} = (\boldsymbol{u}_1,\ldots,\boldsymbol{u}_n)\cdot\boldsymbol{y}$$

とおく．f は線形写像だから，

$$\begin{aligned}f(\boldsymbol{y}') &= f\left(\sum_{i=1}^n y_i\boldsymbol{u}_i\right) = \sum_{i=1}^n y_i f(\boldsymbol{u}_i)\\ &= (f(\boldsymbol{u}_1),\ldots,f(\boldsymbol{u}_n))\cdot\boldsymbol{y} = (\boldsymbol{v}_1,\ldots,\boldsymbol{v}_m)\cdot(Q^{-1}\cdot A\cdot P)\cdot\boldsymbol{y}\end{aligned}$$

となる．よって基底 $\{\boldsymbol{u}_1,\ldots,\boldsymbol{u}_n\}$ と $\{\boldsymbol{v}_1,\ldots,\boldsymbol{v}_m\}$ に関して，線形写像 f は $Q^{-1}\cdot A\cdot P$ で表される． （証明終り）

以下，$m=n, V=W=\mathbb{R}^m$, $f: V\longrightarrow V$ の場合を考える．

$\{\boldsymbol{e}_1,\ldots,\boldsymbol{e}_m\}$ を $V=\mathbb{R}^m$ の標準的基底とし，$\{\boldsymbol{u}_1,\ldots,\boldsymbol{u}_m\}$ を V のもう一つの基底とする．$\{\boldsymbol{e}_1,\ldots,\boldsymbol{e}_m\}$ から $\{\boldsymbol{u}_1,\ldots,\boldsymbol{u}_m\}$ への基底の変換が $P=(p_{ij})\in GL_m(\mathbb{R})$ で表されるとする．したがって，

$$(\boldsymbol{u}_1,\ldots,\boldsymbol{u}_m) = (\boldsymbol{e}_1,\ldots,\boldsymbol{e}_m)\cdot P = P$$

となるとする．$A=(a_{ij})\in M_m(\mathbb{R})$ とし，

$$f=f_A : V\ni \boldsymbol{x}\longmapsto A\cdot\boldsymbol{x}\in V$$

とおく．このとき，定理において，$\{\boldsymbol{v}_1,\dots,\boldsymbol{v}_n\}=\{\boldsymbol{u}_1,\dots,\boldsymbol{u}_m\}$，$Q=P$ とおくと，次の系が得られる：

系 4.5 $V=\mathbb{R}^m$ とし，$f=f_A$ を行列 $A\in M_m(\mathbb{R})$ に対応する線形写像 $f: V\ni\boldsymbol{x}\longmapsto A\cdot\boldsymbol{x}\in V$ とする．$\{\boldsymbol{u}_1,\dots,\boldsymbol{u}_m\}$ を V の基底とし，標準基底 $\{\boldsymbol{e}_1,\dots,\boldsymbol{e}_m\}$ からこの基底への変換を表す行列を P とすると，$P=(\boldsymbol{u}_1,\dots,\boldsymbol{u}_m)$ であり，f はこの基底では行列 $P^{-1}\cdot A\cdot P$ で表される：

$$f: V\ni(\boldsymbol{u}_1,\dots,\boldsymbol{u}_m)\cdot\boldsymbol{y}\longmapsto(\boldsymbol{u}_1,\dots,\boldsymbol{u}_m)\cdot(P^{-1}\cdot A\cdot P)\cdot\boldsymbol{y}\in V. \tag{4.28}$$

$P\in GL_m(\mathbb{R})$ を可逆行列とするとき，行列 $A\in M_m(\mathbb{R})$ と $P^{-1}\cdot A\cdot P$ は**相似**であるという．相似な行列は，行列式が等しいことに注意する．

P, A を上の通りとし，n を自然数とすると，

$$(P^{-1}\cdot A\cdot P)^n=P^{-1}\cdot A^n\cdot P,\quad (P^{-1}\cdot A\cdot P)^{-1}=P^{-1}\cdot A^{-1}\cdot P \tag{4.29}$$

が成り立つ．

次章以下では，行列を相似な行列で置き換えることにより，行列を標準形にすることを考える．言い直すと，V の基底を取り替え，その基底に関して与えられた行列 A を調べやすい形に表すことを考える．

演習問題

1 例 4.12 の線形写像 $f:\mathbb{R}^3\longrightarrow\mathbb{R}^2$ を標準的基底に関して表す行列 $A\in M_{2,3}(\mathbb{R})$ を求めよ．

2 $V = \{f(x) = ax^3 + bx^2 + cx + d \mid a, b, c, d \in \mathbb{R}\}$ を3次の多項式全体が作るベクトル空間とする．このとき，V の基底 $\{x^3, x^2, x, 1\}$ に関して，微分が定める線形写像

$$ax^3 + bx^2 + cx + d \longmapsto 3ax^2 + 2bx + c$$

を表す行列 $D \in M_4(\mathbb{R})$ を求めよ．

3 次の行列

$$A = \begin{pmatrix} 1 & -1 \\ -1 & 1 \end{pmatrix}, \qquad B = \begin{pmatrix} 1 & 2 & 3 \\ 2 & 3 & 4 \\ 3 & 4 & 5 \end{pmatrix}$$

が引き起こす線形写像 $f_A : \mathbb{R}^2 \longrightarrow \mathbb{R}^2, f_B : \mathbb{R}^3 \longrightarrow \mathbb{R}^3$ の核と像を求めよ．

4.4 線形写像の階数

定義 4.11 $f : V \longrightarrow W$ を有限次元ベクトル空間の間の線形写像とするとき，f の**階数**（rank）を次で定義する：

$$\mathrm{rank}(f) = \dim\left(\mathrm{Im}(f)\right). \tag{4.30}$$

A が $M_{m,n}(\mathbb{R})$ に属する行列のときには，それが引き起こす線形写像

$$f = f_A : \mathbb{R}^n \ni \boldsymbol{x} \longmapsto A \cdot \boldsymbol{x} \in \mathbb{R}^m$$

を作り，

$$\mathrm{rank}(A) = \mathrm{rank}(f_A) = \dim(\mathrm{Im}(f_A)) \tag{4.31}$$

で A の階数 $\mathrm{rank}(A)$ を定める．

注意 4.6 $\mathrm{Im}(f)$ は V の像だから，

$$\mathrm{rank}(f) \leqq \dim(V)$$

となり，等号が成り立つのは f が1対1のときである．また，$\mathrm{Im}(f)$ は W の部分空間だから，

$$\mathrm{rank}(f) = \dim(\mathrm{Im}(f)) \leqq \dim(W)$$

となり，等号が成り立つのは f が上への写像のときである．

V の基底 $\{\boldsymbol{v}_1, \ldots, \boldsymbol{v}_r, \boldsymbol{u}_1, \ldots, \boldsymbol{u}_s\}$ $(r+s=n)$ を $\boldsymbol{u}_1, \ldots, \boldsymbol{u}_s$ が $\mathrm{Ker}(f)$ の基底となり，$\{f(\boldsymbol{v}_1), \ldots, f(\boldsymbol{v}_r)\}$ が $\mathrm{Im}(f)$ の基底となる様に取る（定理 4.3 の証明参照）．また，$\mathrm{Im}(f)$ の基底 $\{f(\boldsymbol{v}_1), \ldots, f(\boldsymbol{v}_r)\}$ を拡張して W の基底 $\{f(\boldsymbol{v}_1), \ldots, f(\boldsymbol{v}_r), \boldsymbol{w}_1, \ldots, \boldsymbol{w}_t\}$ $(r+t=m)$ を作る．ここで $r = \mathrm{rank}(f)$ は階数であることに注意しておく．

このとき，V の基底 $\{\boldsymbol{v}_1, \ldots, \boldsymbol{v}_r, \boldsymbol{u}_1, \ldots, \boldsymbol{u}_s\}$ と W の基底 $\{f(\boldsymbol{v}_1), \ldots, f(\boldsymbol{v}_r), \boldsymbol{w}_1, \ldots, \boldsymbol{w}_t\}$ に関し，f は行列

$$\begin{pmatrix} E_r & 0_{r,s} \\ 0_{t,r} & 0_{t,s} \end{pmatrix}$$

で表現される．ここで，p, q を正整数とするとき，$0_{p,q}$ はすべての成分が 0 の (p,q) 型の行列を表す．

$P \in GL_n(\mathbb{R})$ と $Q \in GL_m(\mathbb{R})$ を標準基底 $\{\boldsymbol{e}_1, \ldots, \boldsymbol{e}_n\}$ と $\{\boldsymbol{e}'_1, \ldots, \boldsymbol{e}'_m\}$ からこれらの基底への取り替えを表す行列とする．このとき，

$$Q^{-1} \cdot A \cdot P = \begin{pmatrix} E_r & 0_{r,s} \\ 0_{t,r} & 0_{t,s} \end{pmatrix}$$

となる．$s = n - r, t = m - r$ であるから，これで次の定理が証明された[13]：

定理 4.6　行列 $A \in M_{m,n}(\mathbb{R})$ の階数が r だとすると，可逆行列 $P \in GL_n(\mathbb{R})$ と $Q \in GL_m(\mathbb{R})$ で

$$Q^{-1} \cdot A \cdot P = \begin{pmatrix} E_r & 0_{r,n-r} \\ 0_{m-r,r} & 0_{m-r,n-r} \end{pmatrix} \tag{4.32}$$

をみたすものが存在する．

13　この定理は，前章で行列の基本変形を使って証明されている．

$m = n$ であるとする．このとき，系 4.4 より，線形写像 f が 1 対 1 となるための必要十分条件は，f が上への写像であることである．したがって，f が 1 対 1 で上への写像となるための必要十分条件は，$\mathrm{rank}(f) = m$ となることである．

行列が引き起こす 2 つの線形写像 $f = f_A,\ g = f_B\ (A, B \in M_m(\mathbb{R}))$ があるとき，

$$f_A \circ f_B = f_{A \cdot B}$$

が成り立つから，A が可逆で $A \cdot A^{-1} = E_m$ なら，$f_A \circ f_{A^{-1}} = f_{E_m} = \mathrm{id}$ となり，f_A は上への写像となり，1 対 1 で上への写像となる．

逆に，f_A が 1 対 1 で上への写像なら，逆写像 g がありそれを f_B と書くと，$f_{A \cdot B} = f_A \circ f_B = f_A \circ (f_A)^{-1} = \mathrm{id} = f_{E_m}$ となり，$A \cdot B = E_m$ となる．よって A が可逆となるのは f_A が 1 対 1 で上への写像のときである．

以上より，次の系が成り立つ：

系 4.6 $A \in M_m(\mathbb{R})$ が可逆となるための必要十分条件は，(1) $\mathrm{rank}(A) = m$ となることである．したがって，(2) A が定める線形写像 f_A が 1 対 1 となること，または (3) f_A が上への写像となることが必要十分条件となる．

注意 4.7 $A \in M_m(\mathbb{R})$ が可逆となるための必要十分条件は $\det(A) \neq 0$ であるから，$\mathrm{rank}(A) = m$ となる必要十分条件は行列式 $\det(A) \neq 0$ となることである．したがって，$\det(A) = 0$ なら，$\mathrm{rank}(A) < m$ となる．

演習問題

1 $A \in M_m(\mathbb{R})$ の階数が 1 となるための必要十分条件は，$\boldsymbol{u}, \boldsymbol{v} \in \mathbb{R}^m, \boldsymbol{u}, \boldsymbol{v} \neq \boldsymbol{0}$ があり $A = \boldsymbol{u} \cdot {}^t\boldsymbol{v}$ と書けることであることを示せ．

（ヒント） A が階数 1 となるための必要十分条件は，定理 4.6 より

$$A = P \cdot \begin{pmatrix} 1 & 0_{1,m-1} \\ 0_{m-1,1} & 0_{m-1} \end{pmatrix} \cdot Q = P \cdot \begin{pmatrix} 1 \\ 0 \\ \vdots \\ 0 \end{pmatrix} \cdot (1, 0, \cdots, 0) \cdot Q$$

$(P, Q \in GL_m(\mathbb{R}))$ となることである．

2　$V = \mathbb{R}^m$，$A, B \in M_m(\mathbb{R})$ のとき，

$$\mathrm{rank}(A+B) \leqq \mathrm{rank}(A) + \mathrm{rank}(B)$$

が成り立ち，等号が成り立つのは $(A+B)V = AV \oplus BV$（直和）のとき，そのときに限ることを示せ．

（ヒント）$(A+B)V \subseteq AV + BV$ であり，$\mathrm{rank}(A+B) = \dim(A+B)V \leqq \dim(AV+BV) \leqq \dim(AV) + \dim(BV) = \mathrm{rank}(A) + \mathrm{rank}(B)$ である．

3　$A \in M_m(\mathbb{R})$ が $A^2 = A$ となるための必要十分条件は，$\mathrm{rank}(A) + \mathrm{rank}(E-A) = m$ であることを示せ．

（ヒント）$V = \mathbb{R}^m$ とおくと，$A^2 = A \Longleftrightarrow A \cdot (E-A) = 0_m$ である．また，$\mathrm{rank}(A) + \mathrm{rank}(E-A) = m \Longleftrightarrow AV \oplus (E-A)V = V$ である．

4.5　一般の連立一次方程式

変数 $x_1, \ldots, x_n$ についての連立 1 次方程式

$$\text{(SLE)} \qquad \begin{cases} a_{11}x_1 + \cdots + a_{1n}x_n = b_1 \\ a_{21}x_1 + \cdots + a_{2n}x_n = b_2 \\ \cdots\cdots\cdots \\ a_{m1}x_1 + \cdots + a_{mn}x_n = b_m \end{cases}$$

を考える．

$$A = \begin{pmatrix} a_{11} & \cdots & a_{1n} \\ \vdots & \ddots & \vdots \\ a_{m1} & \cdots & a_{mn} \end{pmatrix}, \quad \boldsymbol{x} = \begin{pmatrix} x_1 \\ \vdots \\ x_n \end{pmatrix}, \quad \boldsymbol{b} = \begin{pmatrix} b_1 \\ \vdots \\ b_m \end{pmatrix}$$

とおくと，この連立一次方程式 (SLE) は $A \cdot \boldsymbol{x} = \boldsymbol{b}$ と書ける．そこで，定理 4.6 より，可逆行列 $P \in M_n(\mathbb{R})$ と $Q \in M_m(\mathbb{R})$ を

$$Q^{-1} \cdot A \cdot P = \begin{pmatrix} E_r & 0_{r,n-r} \\ 0_{m-r,r} & 0_{m-r,n-r} \end{pmatrix}. \tag{4.33}$$

をみたす様に取る[14]．このとき連立 1 次方程式 $A \cdot \boldsymbol{x} = \boldsymbol{b}$ は

$$\begin{pmatrix} E_r & 0_{r,n-r} \\ 0_{m-r,r} & 0_{m-r,n-r} \end{pmatrix} \cdot P^{-1} \cdot \boldsymbol{x} = Q^{-1} \cdot \boldsymbol{b}$$

と書ける．よって新しい変数 $y_1, \ldots . y_n$ と新しい定数 $c_1, \ldots, c_m$ を

$$\boldsymbol{y} = \begin{pmatrix} y_1 \\ \vdots \\ y_n \end{pmatrix} = P^{-1} \cdot \boldsymbol{x}, \qquad \boldsymbol{c} = \begin{pmatrix} c_1 \\ \vdots \\ c_m \end{pmatrix} = Q^{-1} \cdot \boldsymbol{b} \tag{4.34}$$

で定めると，与えられた連立一次方程式は，

$$\begin{pmatrix} E_r & 0_{r,n-r} \\ 0_{m-r,r} & 0_{m-r,n-r} \end{pmatrix} \cdot \boldsymbol{y} = \begin{pmatrix} y_1 \\ \vdots \\ y_r \\ 0 \\ \vdots \\ 0 \end{pmatrix} = \begin{pmatrix} c_1 \\ \vdots \\ c_r \\ c_{r+1} \\ \vdots \\ c_m \end{pmatrix} \tag{4.35}$$

と書ける．この $\boldsymbol{y}$ についての方程式は，$c_{r+1} = 0, \ldots, c_m = 0$ のときに限り解を持つ．さらにこの条件がみたされるときには，

$$y_1 = c_1,\ \ldots,\ y_r = c_r,\ \text{かつ}\ y_{r+1}, \ldots, y_n\ \text{は任意の数} \tag{4.36}$$

が解となる．

14　r は，A の階数 $\mathrm{rank}(A)$ である．

これより，$c_{r+1}=0,\ldots,c_m=0$ となるなら，解全体がなす集合は

$$\left\{ \boldsymbol{y} = \begin{pmatrix} c_1 \\ \vdots \\ c_r \\ y_{r+1} \\ \vdots \\ y_n \end{pmatrix} \middle| \; y_{r+1},\cdots,y_n \in \mathbb{R} \right\} \tag{4.37}$$

となる．これを $\boldsymbol{x}=P\cdot\boldsymbol{y}$ で表すと，$A\cdot\boldsymbol{x}=\boldsymbol{b}$ の解全体は，

$$\left\{ \boldsymbol{x} = P\cdot \begin{pmatrix} c_1 \\ \vdots \\ c_r \\ 0 \\ \vdots \\ 0 \end{pmatrix} + P\cdot \begin{pmatrix} 0 \\ \vdots \\ 0 \\ y_{r+1} \\ \vdots \\ y_n \end{pmatrix} \middle| \; y_{r+1},\cdots,y_n \in \mathbb{R} \right\} \tag{4.38}$$

となる．これは 1 つの解と $\mathbb{R}^n$ の $n-r$ 次元部分空間の和である．とくに，次の補題が成り立つ：

> **補題 4.2** 連立 1 次方程式 $A\cdot\boldsymbol{x}=\boldsymbol{b}$ において，解が存在し，しかも A の階数が変数の個数 n より小さいなら，複数の解が存在する．

$A\cdot\boldsymbol{x}=\boldsymbol{b}$ を前の通りとし，

$$A^* = (A,b) = \begin{pmatrix} a_{11} & \cdots & a_{1n} & b_1 \\ \vdots & \ldots & \vdots & \vdots \\ a_{m1} & \cdots & a_{mn} & b_m \end{pmatrix} \in M_{m,n+1}(\mathbb{R}) \tag{4.39}$$

を拡大係数行列とする．明らかに，$A\cdot\boldsymbol{x}=\boldsymbol{b}$ が解を持つための必要十分条件は，

$$\boldsymbol{b} \in < \boldsymbol{a}_1, \ldots, \boldsymbol{a}_n >_{\mathbb{R}}$$

となることである．したがって，$A\cdot\boldsymbol{x} = \boldsymbol{b}$ が解を持つための必要十分条件は，

$$< \boldsymbol{a}_1, \ldots, \boldsymbol{a}_n >_{\mathbb{R}} = < \boldsymbol{a}_1, \ldots, \boldsymbol{a}_n, \boldsymbol{b} >_{\mathbb{R}}$$

となることである．ここで $\mathbb{R}^m$ の部分空間として

$$\mathrm{Im}(f_A) = < \boldsymbol{a}_1, \ldots, \boldsymbol{a}_n >_{\mathbb{R}} \subseteq < \boldsymbol{a}_1, \ldots, \boldsymbol{a}_n, \boldsymbol{b} >_{\mathbb{R}} = \mathrm{Im}(f_{A^*})$$

となっているから，$A \cdot \boldsymbol{x} = \boldsymbol{b}$ が解を持つための必要十分条件は，この2つの部分空間の次元 $\mathrm{rank}(A)$ と $\mathrm{rank}(A^*)$ が一致することであり，$\mathrm{rank}(A) = \mathrm{rank}(A^*)$ となることである．

さらに，解の一意性が成り立つための必要十分条件は，$\mathrm{Ker}(f) = \{\boldsymbol{0}\}$ となることであり，$\dim(\mathrm{Ker}(f)) = 0$ となることである．ところが，$\dim(V) = \dim(\mathrm{Ker}(f)) + \dim(\mathrm{Im}(f))$ であるから，解の一意性が成り立つための必要十分条件は，$\mathrm{rank}(f) = \dim(\mathrm{Im}(f)) = \dim(V) = n$ となることである．

これで次の定理が証明された：

定理 4.7　$A \in M_{m,n}(\mathbb{R}), \boldsymbol{b} \in \mathbb{R}^m$ とし，$A^* = (A, \boldsymbol{b})$ とおく．このとき，連立一次方程式

$$A \cdot \boldsymbol{x} = \boldsymbol{b}$$

が解を持つための必要十分条件は，係数行列 A と拡大係数行列 A^* の階数が等しいことである：

$$\mathrm{rank}(A) = \mathrm{rank}(A^*). \tag{4.40}$$

さらに，解の一意性が成り立つための必要十分条件は，これらの階数が変数の個数 n と等しくなることである：

$$\mathrm{rank}(A) = \mathrm{rank}(A^*) = n. \tag{4.41}$$

例 4.19

$$A = \begin{pmatrix} a & b \\ c & d \end{pmatrix} \neq \begin{pmatrix} 0 & 0 \\ 0 & 0 \end{pmatrix}, \quad \boldsymbol{x} = \begin{pmatrix} x \\ y \end{pmatrix}, \quad \boldsymbol{b} = \begin{pmatrix} e \\ f \end{pmatrix} \neq \begin{pmatrix} 0 \\ 0 \end{pmatrix}$$

とし，連立一次方程式 (♮) $A \cdot \boldsymbol{x} = \boldsymbol{b}$，つまり

$$(\natural) \quad \begin{pmatrix} a & b \\ c & d \end{pmatrix} \cdot \begin{pmatrix} x \\ y \end{pmatrix} = \begin{pmatrix} e \\ f \end{pmatrix}$$

を考える．

$\det(A) = ad - bc \neq 0$ とする．このとき A は可逆行列だから，(♮) $A \cdot \boldsymbol{x} = \boldsymbol{b}$ は $\boldsymbol{x} = A^{-1} \cdot \boldsymbol{b}$ が唯一の解となる．

次に $ad - bc = 0$ とする．このとき A の階数は 1 となる．よって，あるベクトル

$$\begin{pmatrix} p \\ q \end{pmatrix} \neq \begin{pmatrix} 0 \\ 0 \end{pmatrix}$$

があり，

$$\mathrm{Im}(f_A) = \left\{ \begin{pmatrix} ax + by \\ cx + dy \end{pmatrix} \middle| \, x, y \in \mathbb{R} \right\} = \left\{ \alpha \cdot \begin{pmatrix} p \\ q \end{pmatrix} \middle| \, \alpha \in \mathbb{R} \right\}$$

と書ける．よって，$e : f = p : q$ になるとき，そのときに限り，(♮) は解を持つ． □

$A \in M_m(\mathbb{R})$ とし，定数部分を持たない連立一次方程式

$$A \cdot \boldsymbol{x} = \boldsymbol{0}$$

について考える．明らかに，$\boldsymbol{x} = \boldsymbol{0}$ は解である[15]．

もし $\det(A) \neq 0$ なら，A は可逆行列となり，$\boldsymbol{x} = \boldsymbol{0}$ のみが解となる．

もし $\det(A) = 0$ なら，注意 4.7 により，

$$\mathrm{rank}(A^*) = \mathrm{rank}(A, \boldsymbol{0}) = \mathrm{rank}(A) < m$$

となるから，補題 4.2 により，この方程式は自明でない解 $\boldsymbol{x} \neq \boldsymbol{0}$ を持つ．よって次の系が得られた：

15　$\boldsymbol{x} = \boldsymbol{0}$ を自明な解と呼び，そうでない解を自明でない解と呼ぶ．

系 4.7 $A \in M_m(\mathbb{R})$ とすると，連立一次方程式

$$A \cdot \boldsymbol{x} = \mathbf{0} \tag{4.42}$$

が自明でない解 $\boldsymbol{x} \in \mathbb{R}^m$, $\boldsymbol{x} \neq \mathbf{0}$ を持つための必要十分条件は，

$$\det(A) = 0 \tag{4.43}$$

となることである[16].

例 4.20

$$A = \begin{pmatrix} a & b \\ c & d \end{pmatrix} \neq \begin{pmatrix} 0 & 0 \\ 0 & 0 \end{pmatrix}.$$

とし，$ad - bc = 0$ とする．このとき，

$$\begin{pmatrix} a & b \\ c & d \end{pmatrix} \cdot \begin{pmatrix} d \\ -c \end{pmatrix} = \begin{pmatrix} ad - bc \\ cd - dc \end{pmatrix} = \begin{pmatrix} 0 \\ 0 \end{pmatrix},$$

$$\begin{pmatrix} a & b \\ c & d \end{pmatrix} \cdot \begin{pmatrix} -b \\ a \end{pmatrix} = \begin{pmatrix} -ab + ab \\ -cb + da \end{pmatrix} = \begin{pmatrix} 0 \\ 0 \end{pmatrix}$$

となる．ここで a, b, c, d のどれかは 0 でないから，上の左辺のベクトルのどちらかは $\mathbf{0}$ ではない．よって，$A \cdot \boldsymbol{x} = \mathbf{0}$ は，自明でない解を持つ． □

例 4.21 $A \in M_m(\mathbb{R})$, $\alpha \in \mathbb{R}$ とするとき，

$$A\boldsymbol{x} = \alpha \boldsymbol{x}$$

が自明でない解 $\boldsymbol{x} \in \mathbb{R}^m$, $\boldsymbol{x} \neq \mathbf{0}$ を持つのは $\det(A - \alpha E_m) = 0$ のとき，そのときに限る． □

例 4.22 x-y 平面上の相異なる 3 点 (x_i, y_i) $(i = 1, 2, 3)$ を考える．このとき，この 3 点を通る直線 $ax + by + c = 0$ があれば，

---

16 この系は固有値と密接に結びついている他，色々な分野で応用され，非常に重要な結果である．

$$\begin{cases} ax_1 + by_1 + c = 0 \\ ax_2 + by_2 + c = 0 \\ ax_3 + by_3 + c = 0 \end{cases}$$

となる．したがって，これを a, b, c についての連立方程式と思うと，a, b, c のどれかは 0 でないから，自明でない解を持ち，

$$\begin{vmatrix} x_1 & y_1 & 1 \\ x_2 & y_2 & 1 \\ x_3 & y_3 & 1 \end{vmatrix} = 0$$

となる．逆にこの行列式が 0 となるなら，上の連立方程式を満たす自明でない解 a, b, c が存在する． □

例 4.23 複素数係数の 2 つの x の 2 次式

$$f_i(x) = a_i x^2 + b_i x + c_i \qquad (i = 1, 2)$$

$(a_i, b_i, c_i \in \mathbb{C})$ を考え，それらの解を α_i, β_i とする．

もし，$f_1(x)$ と $f_2(x)$ が共通解 $x = \alpha \in \mathbb{C}$ を持つなら，連立一次方程式

$$\begin{cases} a_1 t_0 + b_1 t_1 + c_1 t_2 \phantom{{}+ c_1 t_3} = 0 \\ \phantom{a_1 t_0 + {}} a_1 t_1 + b_1 t_2 + c_1 t_3 = 0 \\ a_2 t_0 + b_2 t_1 + c_2 t_2 \phantom{{}+ c_2 t_3} = 0 \\ \phantom{a_2 t_0 + {}} a_2 t_1 + b_2 t_2 + c_2 t_3 = 0 \end{cases}$$

は自明でない解 $(t_0, t_1, t_2, t_3) = (\alpha^3, \alpha^2, \alpha, 1)$ を持つ．よって，係数が作る行列式は

$$R(f_1, f_2) = \begin{vmatrix} a_1 & b_1 & c_1 & 0 \\ 0 & a_1 & b_1 & c_1 \\ a_2 & b_2 & c_2 & 0 \\ 0 & a_2 & b_2 & c_2 \end{vmatrix} = 0$$

となる．

この逆を示すため，簡単のため，a_1, a_2 が0でないとする．このとき，解と係数の関係 $b_1/a_1 = -(\alpha_1+\beta_1)$, $c_1/a_1 = \alpha_1\beta_1$, $b_2/a_2 = -(\alpha_2+\beta_2)$, $c_2/a_2 = \alpha_2\beta_2$ より，

$$R(f_1, f_2) = (a_1)^2 \cdot (a_2)^2 \cdot \begin{vmatrix} 1 & b_1/a_1 & c_1/a_1 & 0 \\ 0 & 1 & b_1/a_1 & c_1/a_1 \\ 1 & b_2/a_2 & c_2/a_2 & 0 \\ 0 & 1 & b_2/a_2 & c_2/a_2 \end{vmatrix}$$

$$= (a_1)^2 \cdot (a_2)^2 \cdot \begin{vmatrix} 1 & -(\alpha_1+\beta_1) & \alpha_1\beta_1 & 0 \\ 0 & 1 & -(\alpha_1+\beta_1) & \alpha_1\beta_1 \\ 1 & -(\alpha_2+\beta_2) & \alpha_2\beta_2 & 0 \\ 0 & 1 & -(\alpha_2+\beta_2) & \alpha_2\beta_2 \end{vmatrix}$$

となる．この式は，$\alpha_1, \beta_1, \alpha_2, \beta_2$ の高々4次の多項式であり，$f_1(x)$ と $f_2(x)$ が共通解を持つなら0となるから，$\alpha_1 - \alpha_2$, $\alpha_1 - \beta_2$, $\beta_1 - \alpha_2$, $\beta_1 - \beta_2$ の積で割り切れる．よって，$(\alpha_1 - \alpha_2)(\alpha_1 - \beta_2)(\beta_1 - \alpha_2)(\beta_1 - \beta_2)$ で割り切れるが，次数から，$R(f_1, f_2)$ は $(\alpha_1 - \alpha_2)(\alpha_1 - \beta_2)(\beta_1 - \alpha_2)(\beta_1 - \beta_2)$ の定数倍となる．そこで両辺の $\alpha_2^2\beta_2^2$ の係数を比較して，

$$R(f_1, f_2) = (a_1)^2 \cdot (a_2)^2 \cdot (\alpha_1 - \alpha_2)(\alpha_1 - \beta_2)(\beta_1 - \alpha_2)(\beta_1 - \beta_2)$$

を得る．よって，$R(f_1, f_2) = 0$ なら $f_1(x) = 0$ と $f_2(x) = 0$ は共通解を持つ．

$R(f_1, f_2)$ を $f_1(x)$ と $f_2(x)$ の**終結式**と呼ぶ．□

演習問題

1　次の連立1次方程式を解け：

(1) $\begin{cases} x - 3y - z + 2w = 1 \\ 3x + y + z - 4w = 2, \end{cases}$　　(2) $\begin{cases} 2x - 3y - 2z = 0 \\ x + y + z = 0 \\ 3x - 2y - z = 0 \end{cases}$

2　次を示せ：

(1)　$\iota : \mathbb{R}[x] \ni f(x) \longmapsto f(-x) \in \mathbb{R}[x]$ は線形写像で，$\iota \circ \iota = \mathrm{id}_V$，$\mathrm{Ker}(\iota) = \{0\}$，$\mathrm{Im}(\iota) = V$ となる．

(2)

$$W(1) = \mathrm{Ker}(\iota - \mathrm{id}_V) = \{f(x) \in V \mid \iota(f(x)) = f(x)\},$$
$$W(-1) = \mathrm{Ker}(\iota + \mathrm{id}_V) = \{f(x) \in V \mid \iota(f(x)) = -f(x)\}$$

とおくとき，$V = W(1) \oplus W(-1)$ となる．

(3)　$V_{\mathbb{C}} = \mathbb{C}[x]$, $i = \sqrt{-1} \in \mathbb{C}$, $\zeta : V_{\mathbb{C}} \ni f(x) \longmapsto f(ix) \in \mathbb{C}[x]$,

$$W(i^j) = \{\, f(x) \in V_{\mathbb{C}} \mid \zeta(f(x)) = i^j f(x) \,\} \qquad (j = 0, 1, 2, 3)$$

とおく．このとき，$V = W_{\mathbb{C}}(1) \oplus W_{\mathbb{C}}(i) \oplus W_{\mathbb{C}}(-1) \oplus W_{\mathbb{C}}(-i)$ となる．

第5章

計量ベクトル空間

私達の住む空間では，長さや距離が考えられる．この章では，ベクトル空間の構造と両立する距離が入った空間を考える．この章の結果は，0 でない元の 2 乗が正となる実数上でしか成り立たない．

5.1 内　積

定義 5.1

$$\boldsymbol{x} = \begin{pmatrix} x_1 \\ \vdots \\ x_m \end{pmatrix}, \qquad \boldsymbol{y} = \begin{pmatrix} y_1 \\ \vdots \\ y_m \end{pmatrix}$$

を $\mathbb{R}^m$ の元とするとき，ベクトル空間 $\mathbb{R}^m$ の**内積**を

$$< \boldsymbol{x}, \boldsymbol{y} > = {}^t\boldsymbol{x} \cdot \boldsymbol{y} = \sum_{i=1}^{m} x_i \cdot y_i \tag{5.1}$$

で定義する．

内積の形より，$< \boldsymbol{x}, \boldsymbol{y} >$ が次の性質を持つことは明らかである：

(M1)　$< \boldsymbol{x}, \boldsymbol{y} >$ は対称である．

$$< \boldsymbol{x}, \boldsymbol{y} > = < \boldsymbol{y}, \boldsymbol{x} > \qquad (\boldsymbol{x}, \boldsymbol{y} \in \mathbb{R}); \tag{5.2}$$

(M2)　$< \boldsymbol{x}, \boldsymbol{y} >$ は多重線形である．

$$< \boldsymbol{x}_1 + \boldsymbol{x}_2, \boldsymbol{y} > = < \boldsymbol{x}_1, \boldsymbol{y} > + < \boldsymbol{x}_2, \boldsymbol{y} > \quad (\boldsymbol{x}_1, \boldsymbol{x}_2, \boldsymbol{y} \in \mathbb{R}^m); \tag{5.3}$$

$$< c\boldsymbol{x}, \boldsymbol{y} > = c < \boldsymbol{x}, \boldsymbol{y} > \quad (\boldsymbol{x}, \boldsymbol{y} \in \mathbb{R}^m,\ c \in \mathbb{R}); \tag{5.4}$$

(M3)　$< \boldsymbol{x}, \boldsymbol{y} >$ は正定値である.

$$< \boldsymbol{x}, \boldsymbol{x} > = \sum_{i=1}^{m} (x_i)^2 > 0 \quad (\boldsymbol{x} \in \mathbb{R}^m,\ \boldsymbol{x} \neq \boldsymbol{0}). \tag{5.5}$$

定義 5.2　$< \boldsymbol{x}, \boldsymbol{x} > \geqq 0$ であるから，ベクトル $\boldsymbol{x}$ のノルム（長さ）を

$$\| \boldsymbol{x} \| = \sqrt{< \boldsymbol{x}, \boldsymbol{x} >} \tag{5.6}$$

で定義する.

このとき，内積の性質 (5.4)，(5.5) より，

$$\| c \cdot \boldsymbol{x} \| = |c| \cdot \| x \| \quad (c \in \mathbb{R}) \tag{5.7}$$

$$\| \boldsymbol{x} \| = 0 \quad \Leftrightarrow \quad \boldsymbol{x} = \boldsymbol{0}, \tag{5.8}$$

が成り立つ.

内積に関して次の補題が成り立つ：

補題 5.1　$\boldsymbol{x}, \boldsymbol{y} \in \mathbb{R}^m$ とすると，

$$| < \boldsymbol{x}, \boldsymbol{y} > | \leqq \| \boldsymbol{x} \| \cdot \| \boldsymbol{y} \| \tag{5.9}$$

が成り立つ（シュワルツの不等式）.

【証明】

$$0 \leqq < t\boldsymbol{x} + \boldsymbol{y}, t\boldsymbol{x} + \boldsymbol{y} > = t^2 \| \boldsymbol{x} \|^2 + 2t < \boldsymbol{x}, \boldsymbol{y} > + \| \boldsymbol{y} \|^2$$

が任意の $t \in \mathbb{R}$ について成り立つから，判別式 D は 0 か負である．よって

$$\frac{D}{4} = < \boldsymbol{x}, \boldsymbol{y} >^2 - \| \boldsymbol{x} \|^2 \cdot \| \boldsymbol{y} \|^2 \leqq 0$$

となるから，

$$|<\boldsymbol{x},\boldsymbol{y}>|^2 \leqq \|\boldsymbol{x}\|^2\cdot\|\boldsymbol{y}\|^2$$

が成り立つ．ここで $|<\boldsymbol{x},\boldsymbol{y}>|, \|\boldsymbol{x}\|, \|\boldsymbol{y}\|$ は非負であるから，両辺の平方根を取り，補題の不等式が得られる． （証明終り）

定理 5.1 任意のベクトル $\boldsymbol{x},\boldsymbol{y}\in\mathbb{R}^m$ に対し，三角不等式

$$|\,\|\boldsymbol{x}\|-\|\boldsymbol{y}\|\,| \leqq \|\boldsymbol{x}+\boldsymbol{y}\| \leqq \|\boldsymbol{x}\|+\|\boldsymbol{y}\| \tag{5.10}$$

が成り立つ．

【証明】 補題より，

$$\begin{aligned}\|\boldsymbol{x}+\boldsymbol{y}\|^2 &= <\boldsymbol{x}+\boldsymbol{y},\boldsymbol{x}+\boldsymbol{y}> = \|\boldsymbol{x}\|^2+2<\boldsymbol{x},\boldsymbol{y}>+\|\boldsymbol{x}\|^2\\ &\leqq \|\boldsymbol{x}\|^2+2\|\boldsymbol{x}\|\cdot\|\boldsymbol{y}\|+\|\boldsymbol{x}\|^2 = (\|\boldsymbol{x}\|+\|\boldsymbol{y}\|)^2.\end{aligned}$$

が成り立つ．よって，$\|\boldsymbol{x}+\boldsymbol{y}\| \leqq \|\boldsymbol{x}\|+\|\boldsymbol{y}\|$ となる．もう一つの不等式も同様に証明できる． （証明終り）

定義 5.3 2つのベクトル $\boldsymbol{x},\boldsymbol{y}\in\mathbb{R}^m$ は

$$<\boldsymbol{x},\boldsymbol{y}>=0 \tag{5.11}$$

をみたすとき**直交する**という．

定義 5.4 V を実数体 $\mathbb{R}$ 上の有限次元ベクトル空間とし，その上に対称 (M1)，多重線形 (M2)，正定値 (M3) をみたす**内積**

$$<\ ,\ >: V\times V \ni (\boldsymbol{v},\boldsymbol{u}) \longmapsto <\boldsymbol{v},\boldsymbol{u}> \in \mathbb{R} \tag{5.12}$$

が与えられたとする．このとき，前と同様に

$$\|\boldsymbol{x}\| = \sqrt{<\boldsymbol{x},\boldsymbol{x}>} \tag{5.13}$$

とおき，**ノルム**を定める．

定義 5.5　$\boldsymbol{e}_1, \ldots, \boldsymbol{e}_n$ を定義 5.4 の V の元とするとき，

$$< \boldsymbol{e}_i, \boldsymbol{e}_j > = \delta_{ij} \qquad (1 \leqq i, j \leqq m) \tag{5.14}$$

をみたすなら，$\{\boldsymbol{e}_1, \ldots, \boldsymbol{e}_n\}$ は**正規直交系**であるという．ここで δ_{ij} は**クロネッカーのデルタ**

$$\delta_{ij} = \begin{cases} 1 & \cdots\cdots\ i = j \text{ のとき} \\ 0 & \cdots\cdots\ i \neq j \text{ のとき} \end{cases} \tag{5.15}$$

を表す．

　とくに，正規直交系となる基底を**正規直交基底**という．

注意 5.1　$V = \mathbb{R}^m$ とし，$\{\boldsymbol{e}_1, \ldots, \boldsymbol{e}_m\}$ をその標準的基底とする．このとき，$\{\boldsymbol{e}_1, \ldots, \boldsymbol{e}_m\}$ は正規直交基底をなす．

　$\boldsymbol{e}_1, \ldots, \boldsymbol{e}_n$ を有限次元ベクトル空間 V の正規直交基底とし，

$$\boldsymbol{v} = \sum_{i=1}^{n} v_i \boldsymbol{e}_i, \qquad \boldsymbol{u} = \sum_{i=1}^{n} u_i \boldsymbol{e}_i \tag{5.16}$$

とする．このとき，

$$\begin{aligned} < \boldsymbol{v}, \boldsymbol{u} > &= \left\langle \sum_{i=1}^{n} v_i \boldsymbol{e}_i, \sum_{j=1}^{n} u_j \boldsymbol{e}_j \right\rangle \\ &= \sum_{i=1}^{n} v_i \sum_{j=1}^{n} u_j < \boldsymbol{e}_i, \boldsymbol{e}_j > = \sum_{i=1}^{n} v_i u_i \end{aligned} \tag{5.17}$$

となる．

命題 5.1　任意の正規直交系は線形独立であり，したがって，正規直交系の元の個数は V の次元 $\dim(V)$ 以下となる．

【証明】　$\{\boldsymbol{e}_1, \ldots, \boldsymbol{e}_n\}$ を正規直交系とし，$a_1\boldsymbol{e}_1 + \cdots + a_n\boldsymbol{e}_n = \boldsymbol{0}$ となったとする．この式と $\boldsymbol{e}_j\ (j = 1, \ldots, n)$ の内積を取ると，

$$a_j = \sum_{i=1}^{n} a_i < \boldsymbol{e}_i, \boldsymbol{e}_j > = < \sum_{i=1}^{n} a_i \boldsymbol{e}_i, \boldsymbol{e}_j > = < \boldsymbol{0}, \boldsymbol{e}_j > = 0$$

となる．よって $\{\boldsymbol{e}_1, \ldots, \boldsymbol{e}_n\}$ は1次独立である．　　（**証明終り**）

定理 5.2　$\{\boldsymbol{e}_1, \ldots, \boldsymbol{e}_s\}$ を有限次元ベクトル空間 V の正規直交系とする．このとき，正規直交系 $\{\boldsymbol{e}_1, \ldots, \boldsymbol{e}_s\}$ を V の正規直交基底 $\{\boldsymbol{e}_1, \ldots, \boldsymbol{e}_s, \boldsymbol{e}_{s+1}, \ldots \boldsymbol{e}_{s+t}\}$ $(s + t = \dim(V))$ に延長することができる．

【証明】　$m = \dim(V)$ とおく．もし $s = m$ なら定理は自明である．そこで $s < m$ とし，$< \boldsymbol{e}_1, \cdots, \boldsymbol{e}_s >_{\mathbb{R}}$ が V の真の部分空間であるとする．そこで k に関する帰納法で，もし $s + k \leqq m$ なら，V の正規直交系 $\{\boldsymbol{e}_1, \ldots, \boldsymbol{e}_s, \boldsymbol{e}_{s+1}, \ldots, \boldsymbol{e}_{s+k}\}$ を作れることを示す．定理は $k = t$ より出る．

もし $k = 0$ なら，主張は自明に成り立つ．そこで帰納法の仮定により，V の正規直交系 $\{\boldsymbol{e}_1, \ldots, \boldsymbol{e}_s, \boldsymbol{e}_{s+1}, \ldots, \boldsymbol{e}_{s+k-1}\}$ が取れたとする．もし $k-1 = t$ なら定理は成り立つ．よって $k - 1 < t$ であるとする．このとき，

$$\dim < \boldsymbol{e}_1, \ldots, \boldsymbol{e}_s, \boldsymbol{e}_{s+1}, \ldots, \boldsymbol{e}_{s+k-1} >_{\mathbb{R}} = s + k - 1 < s + t = \dim(V)$$

となる．よってこの部分空間に属さない V の元 $\boldsymbol{a}$ が存在する．そこで，

$$\boldsymbol{b} = \boldsymbol{a} - < \boldsymbol{e}_1, \boldsymbol{a} > \boldsymbol{e}_1 - \cdots - < \boldsymbol{e}_{s+k-1}, \boldsymbol{a} > \boldsymbol{e}_{s+k-1} \tag{5.18}$$

とおく．このとき，$i = 1, \ldots, s + k - 1$ に対し，

$$< \boldsymbol{e}_i, \boldsymbol{b} > = < \boldsymbol{e}_i, \boldsymbol{a} > - < \boldsymbol{e}_i, \boldsymbol{a} >< \boldsymbol{e}_i, \boldsymbol{e}_i > = 0$$

となる．ところが，$\boldsymbol{b}$ の取り方から，$\boldsymbol{b} \in V$ は $< \boldsymbol{e}_1, \ldots, \boldsymbol{e}_{s+k-1} >_{\mathbb{R}}$ には含まれていないから，とくに $\boldsymbol{b} \neq \boldsymbol{0}$ であり，$\| \boldsymbol{b} \| > 0$ となる．そこで $\boldsymbol{e}_{s+k} = \| \boldsymbol{b} \|^{-1} \boldsymbol{b}$ とおく．このとき，$\| \boldsymbol{e}_{s+k} \| = \| \boldsymbol{b} \|^{-1} \| \boldsymbol{b} \| = 1$ となり，$1 \leqq i, j \leqq s + k$ に対し $< \boldsymbol{e}_i, \boldsymbol{e}_j > = \delta_{ij}$ となるから，帰納法が完成した．

ここで，このようにして作った正規直交系は，次元が $\dim(V)$ の V の部分空間を生成するから，V 全体を張る．　　（証明終り）

注意 5.2　定理の証明において使われた方法を**シュミットの直交化**という．

例 5.1　$V=\mathbb{R}^2$ とし，

$$\boldsymbol{v}_1=\begin{pmatrix} a \\ 0 \end{pmatrix}, \qquad \boldsymbol{v}_2=\begin{pmatrix} b \\ d \end{pmatrix}$$

$(a,b,d\in\mathbb{R})$ とし，これをシュミットの方法で正規直交化し，正規直交基底 $\{\boldsymbol{e}_1,\boldsymbol{e}_2\}$ を作る．$\boldsymbol{v}_1,\boldsymbol{v}_2$ が一次独立と仮定するので，$a,d\neq 0$ であるが，簡単のため，以下では $a,d>0$ であるとする．このとき，$\boldsymbol{v}_1$ の長さは a に等しいから，

$$\boldsymbol{e}_1=\boldsymbol{v}_1/a=\begin{pmatrix} 1 \\ 0 \end{pmatrix}$$

で与えられる．このとき，$(\boldsymbol{v}_2,\boldsymbol{e}_1)=b$ だから，

$$\boldsymbol{v}_2-(\boldsymbol{v}_2,\boldsymbol{e}_1)\cdot\boldsymbol{e}_1=\boldsymbol{v}_2-b\cdot\boldsymbol{e}_1=\begin{pmatrix} 0 \\ d \end{pmatrix}$$

であり，このベクトルの長さは d に等しいから，

$$\boldsymbol{e}_2=\begin{pmatrix} 0 \\ 1 \end{pmatrix}$$

となり，この場合には標準的基底となる．

これを一般化するため，

$$\boldsymbol{v}_1=\begin{pmatrix} a \\ c \end{pmatrix}, \qquad \boldsymbol{v}_2=\begin{pmatrix} b \\ d \end{pmatrix}$$

$(a,b,c,d\in\mathbb{R})$ とすると，1 次独立となるためには，$\|\ \boldsymbol{v}_1\ \|^2=a^2+c^2\neq 0$，$\|\ \boldsymbol{v}_2\ \|^2=b^2+d^2\neq 0$，$ad-bc\neq 0$ でなければならない．このとき，

$$\boldsymbol{e}_1=\frac{1}{\sqrt{a^2+c^2}}\begin{pmatrix} a \\ c \end{pmatrix}$$

となる．また，$(\boldsymbol{v}_2, \boldsymbol{e}_1) = (\boldsymbol{v}_2, \boldsymbol{v}_1)/\sqrt{a^2+c^2} = (ab+cd)/\sqrt{a^2+c^2}$ であるから，

$$\boldsymbol{v}_2 - (\boldsymbol{v}_2, \boldsymbol{e}_1)\cdot \boldsymbol{e}_1 = \begin{pmatrix} b \\ d \end{pmatrix} - \frac{ab+cd}{a^2+c^2}\cdot\begin{pmatrix} a \\ c \end{pmatrix} = \frac{ad-bc}{a^2+c^2}\cdot\begin{pmatrix} -c \\ a \end{pmatrix}$$

となる．このベクトルの長さは $|ad-bc|/\sqrt{a^2+c^2}$ だから，

$$\boldsymbol{e}_1 = \frac{1}{\sqrt{a^2+c^c}}\begin{pmatrix} a \\ c \end{pmatrix}, \qquad \boldsymbol{e}_2 = \frac{\pm 1}{\sqrt{a^2+c^2}}\cdot\begin{pmatrix} -c \\ a \end{pmatrix}$$

となる（符号 ± は $ad-bc$ の符号で決まる）．□

$<\boldsymbol{x}, \boldsymbol{y}> = {}^t\boldsymbol{x}\cdot\boldsymbol{y} = \sum_{i=1}^m x_i y_i$ を $\mathbb{R}^m$ の内積とし，$A \in M_m(\mathbb{R})$ を m 次正方行列とする．${}^t({}^tA) = A$ に注意すると，

$$<\boldsymbol{x}, A\cdot\boldsymbol{y}> = {}^t\boldsymbol{x}\cdot A\cdot\boldsymbol{y} = {}^t\boldsymbol{x}\cdot{}^t({}^tA)\cdot\boldsymbol{y} = {}^t({}^tA\cdot\boldsymbol{x})\cdot\boldsymbol{y} = <{}^tA\cdot\boldsymbol{x}, \boldsymbol{y}>.$$

となるから，

$$<\boldsymbol{x}, A\cdot\boldsymbol{y}> = <{}^t A\cdot\boldsymbol{x}, \boldsymbol{y}> \tag{5.19}$$

となる．そこで次の定理を証明する：

定理 5.3　m 次正方行列 $T \in M_m(\mathbb{R})$ に関する次の 4 命題は同値である：

(i)　T は内積を保つ．

$$<T\boldsymbol{x}, T\boldsymbol{y}> = <\boldsymbol{x}, \boldsymbol{y}> \qquad (\boldsymbol{x}, \boldsymbol{y} \in \mathbb{R}); \tag{5.20}$$

(ii)　T はノルムを保つ．

$$\| T\boldsymbol{x} \| = \| \boldsymbol{x} \| \qquad (\boldsymbol{x} \in \mathbb{R}); \tag{5.21}$$

(iii)　T は**直交行列**である．つまり，T の転置行列 ${}^tT$ が T の逆行列となる：

$$ {}^tT \cdot T = E_m = T \cdot {}^tT; \tag{5.22} $$

(iv)　$\{\boldsymbol{e}_1, \ldots, \boldsymbol{e}_m\}$ が $\mathbb{R}^m$ の正規直交基底なら，$\{T\boldsymbol{e}_1, \ldots, T\boldsymbol{e}_m\}$ も $\mathbb{R}^m$ の正規直交基底となる．

証明$^{\#}$　(i) $\Longrightarrow$ (ii)．(i) において $\boldsymbol{y} = \boldsymbol{x}$ とおく．このとき，$< T\boldsymbol{x}, T\boldsymbol{x} > = < \boldsymbol{x}, \boldsymbol{x} >$ となる．これは $\| T\boldsymbol{x} \|^2 = \| \boldsymbol{x} \|^2$ を意味し，ノルムは非負であるから (ii) が得られる．

(ii) $\Longrightarrow$ (iii)．$\| T\boldsymbol{x} \| = \| \boldsymbol{x} \|$ が成り立つとする．このとき $T = (t_{ij})$ とすると，

$$
\begin{aligned}
\| T\boldsymbol{x} \|^2 &= < T\boldsymbol{x}, T\boldsymbol{x} > = \left\langle \sum_{j=1}^m t_{ij} x_j, \sum_{k=1}^m t_{ik} x_k \right\rangle \\
&= \sum_{i=1}^m \left(\sum_{j=1}^m t_{ij} x_j \right) \left(\sum_{k=1}^m t_{ik} x_k \right) = \sum_{j,k=1}^m \left(\sum_{i=1}^m t_{ij} t_{ik} \right) x_j x_k.
\end{aligned}
$$

となる．ここで仮定 (ii) より，この式は

$$ \| \boldsymbol{x} \|^2 = < \boldsymbol{x}, \boldsymbol{x} > = \sum_{j=1}^m x_j^2, $$

に等しい．よって両式の $x_j x_k$ の係数を比較し，

$$ \sum_{i=1}^m t_{ij} t_{ik} = \delta_{jk} $$

を得る．この式は ${}^tT \cdot T = E_m$ を意味するから，${}^tT$ が T の逆行列となり，$T \cdot {}^tT = E_m$ を得る．よって (iii) が成り立つ．

(iii) $\Longrightarrow$ (iv)．${}^tT \cdot T = E_m$ が成り立つとする．このとき，

$$ < T\boldsymbol{e}_i, T\boldsymbol{e}_j > = < {}^tT T\boldsymbol{e}_i, \boldsymbol{e}_j > = < E_m \boldsymbol{e}_i, \boldsymbol{e}_j > = < \boldsymbol{e}_i, \boldsymbol{e}_j > = \delta_{ij} $$

となり，(iv) が成り立つ．

(iv) $\Longrightarrow$ (i)．$\boldsymbol{x} = \sum_{i=1}^m x_i \boldsymbol{e}_i$, $\boldsymbol{y} = \sum_{j=1}^m y_j \boldsymbol{e}_j$ と表す．このとき，

$$
\begin{aligned}
< T\boldsymbol{x}, T\boldsymbol{y} > &= \left\langle T \sum_{i=1}^m x_i \boldsymbol{e}_i, T \sum_{j=1}^m y_j \boldsymbol{e}_j \right\rangle = \sum_{i=1}^m x_i \sum_{j=1}^m y_j < T\boldsymbol{e}_i, T\boldsymbol{e}_j > \\
&= \sum_{i=1}^m x_i \sum_{j=1}^m y_j < \boldsymbol{e}_i, \boldsymbol{e}_j > = \left\langle \sum_{i=1}^m x_i \boldsymbol{e}_i, \sum_{j=1}^m y_j \boldsymbol{e}_j \right\rangle = < \boldsymbol{x}, \boldsymbol{y} >
\end{aligned}
$$

となる．よって (i) が成り立つ．　　（**証明終り**）

定義 5.6　ベクトル空間 $V = \mathbb{R}^m$ の直交行列の全体を $O(m)$ で表す．S, T が直交行列なら，${}^t(ST)(ST) = {}^tT \cdot ({}^tS \cdot S) \cdot T = {}^tT \cdot E_m \cdot T = {}^tT \cdot T = E_m$ となり ST も直交行列となる．また，$T^{-1} = {}^tT$ だから ${}^t({}^tT) = T$ に注意すると，$T^{-1} = {}^tT$ も直交行列となり，$O(m)$ は単位行列 E_m を単位元とする群をなすことが分かる．以下，$O(m)$ を**直交群**と呼ぶ．

直交行列 T は ${}^tT \cdot T = E_m$ をみたすから，この式の行列式を取ると，$\det(T)^2 = \det({}^tT) \cdot \det(T) = \det(E_m) = 1$ となる．よって，$\det(T) = \pm 1$ となる．そこで行列式が 1 となる直交行列の全体を $SO(m)$ で表す．

例 5.2　$m = 2$ とし，$T = (t_{ij})_{1 \leqq i,j \leqq 2}$ とおく．このとき，T が直交行列となる条件は，

$$(t_{11})^2 + (t_{12})^2 = (t_{11})^2 + (t_{21})^2 = 1,\ (t_{12})^2 + (t_{22})^2 = (t_{21})^2 + (t_{22})^2 = 1,$$

$$t_{11} \cdot t_{12} + t_{21} \cdot t_{22} = t_{11} \cdot t_{21} + t_{12} \cdot t_{22} = 0$$

となることである．この連立方程式を解くと，

$$t_{11} = t_{22},\ t_{12} = -t_{21},\ (t_{11})^2 + (t_{12})^2 = 1,\ \det(T) = 1$$

または

$$t_{11} = -t_{22},\ t_{12} = t_{21},\ (t_{11})^2 + (t_{12})^2 = 1,\ \det(T) = -1$$

となる．とくに，$\det(T) = 1$ の場合（$T \in SO(m)$ の場合）には，$t_{11} = t_{22} = \cos(\theta)$, $t_{12} = -t_{21} = -\sin(\theta)$ とおくと，

$$T = \begin{pmatrix} \cos(\theta) & -\sin(\theta) \\ \sin(\theta) & \cos(\theta) \end{pmatrix} \qquad (0 \leqq \theta < 2\pi) \tag{5.23}$$

となり，T は原点を中心とした回転を表す．　□

$\{\boldsymbol{e}_i\}$ を $\mathbb{R}^m$ の標準的基底とし，$\{\boldsymbol{t}_i\}$ を $\mathbb{R}^m$ の基底とする．そこで $\boldsymbol{t}_i = \sum_{k=1}^m t_{ki}\boldsymbol{e}_k$ と行列 $T = (t_{ij}) \in M_m(\mathbb{R})$ を使って表す．このとき，

$$< \boldsymbol{t}_i, \boldsymbol{t}_j > = \left\langle \sum_{k=1}^m t_{ki}\boldsymbol{e}_k, \sum_{\ell=1}^m t_{\ell j}\boldsymbol{e}_\ell \right\rangle = \sum_{k=1}^m t_{ki} \sum_{\ell=1}^m t_{\ell j} < \boldsymbol{e}_k, \boldsymbol{e}_\ell > = \sum_{k=1}^m t_{ki} t_{kj}$$

となる．ここで右辺は ${}^tT \cdot T$ の (i, j) 成分に等しい．したがって，次の同値関係を得る：

$$< \boldsymbol{t}_i, \boldsymbol{t}_j > = \delta_{ij} \iff {}^tT \cdot T = E_m$$

よって，次の命題が証明された：

命題 5.2　次の同値関係が成り立つ：

$\{\boldsymbol{t}_1, \ldots, \boldsymbol{t}_m\}$ は $\mathbb{R}^m$ の正規直交基底 $\iff T = (\boldsymbol{t}_1, \cdots, \boldsymbol{t}_m)$ は直交行列.

$A \in GL_m(\mathbb{R})$ を m 次可逆行列とする．このとき，A の列ベクトル全体 $\boldsymbol{a}_1, \ldots, \boldsymbol{a}_m$ は一次独立であり，$V = \mathbb{R}^m$ の基底をなす．そこでシュミットの方法で直交化を行い，V の正規直交基底 $\boldsymbol{t}_1, \ldots, \boldsymbol{t}_m$ を作る．このとき，命題により，$T = (\boldsymbol{t}_1, \ldots, \boldsymbol{t}_m)$ は直交行列である．他方，$\boldsymbol{a}_1, \ldots, \boldsymbol{a}_m$ から $\boldsymbol{t}_1, \ldots, \boldsymbol{t}_m$ への変換（シュミットの直交化）は，右から上半三角行列 N' を掛けることで得られる（定理 5.2 の証明参照）．よって $AN' = T$ となるが，A, T は可逆行列だから，N' も可逆行列となる．よって，$(N')^{-1} = N$ とおき，$AN' = T$ の右から N を掛けると次の命題を得る．

命題 5.3　$A \in GL_m(\mathbb{R})$ を可逆行列とすると，A は直交行列 T と上半三角行列 N の積と書ける：

$$A = TN. \tag{5.24}$$

定義 5.7　$V = \mathbb{R}^m$ の内積 $< \, , \, >$ を前の様に取り，W を V の線形部分空間とする．このとき，

$$W^{\perp} = \{\, \boldsymbol{x} \in V \mid \text{任意の } \boldsymbol{y} \in W \text{ に対して } <\boldsymbol{x}, \boldsymbol{y}> = 0 \,\}$$

は V の部分空間となる．この部分空間を W の**直交補空間**と呼ぶ．

このとき，次の定理が成り立つ：

定理 5.4 $V, W, W^{\perp}$ を上の通りとする．このとき，

$$V = W + W^{\perp}, \qquad W \cap W^{\perp} = \{\boldsymbol{0}\} \tag{5.25}$$

となる．

証明# $\{\boldsymbol{e}_1, \ldots, \boldsymbol{e}_r\}$ を W の正規直交基底とし，それを V の正規直交基底 $\{\boldsymbol{e}_1, \ldots, \boldsymbol{e}_m\}$ に拡張する．このとき，任意の W の元は $\{\boldsymbol{e}_1, \ldots, \boldsymbol{e}_r\}$ の線形結合で表される．さらに，その様な元 $\boldsymbol{x} = \sum_{i=1}^{m} x_i \boldsymbol{e}_i$ $(x_i \in \mathbb{R})$ が直交補空間 $W^{\perp}$ に入るための必要十分条件は，$j = 1, \ldots, r$ に対し，

$$0 = <\boldsymbol{x}, \boldsymbol{e}_j> = \left\langle \sum_{i=1}^{m} x_i \boldsymbol{e}_i, \boldsymbol{e}_j \right\rangle = \sum_{i=1}^{m} x_i <\boldsymbol{e}_i, \boldsymbol{e}_j> = x_j$$

が成り立つことである．したがって，$\boldsymbol{x} \in W^{\perp}$ が成り立つための必要十分条件は，$x_1 = \cdots = x_r = 0$ となることであり，よって

$$W^{\perp} = <\boldsymbol{e}_{r+1}, \ldots, \boldsymbol{e}_m>_{\mathbb{R}} \tag{5.26}$$

となる．とくに，$W \cap W^{\perp} = \{\boldsymbol{0}\}$ と $\dim(W) + \dim(W^{\perp}) = \dim(V)$ が成り立つ．$W + W^{\perp} \subseteq V$ であるから，$W + W^{\perp} = V$ が成り立つ． **（証明終り）**

演習問題

1

$$\boldsymbol{v}_1 = \begin{pmatrix} 1 \\ 1 \\ 0 \end{pmatrix}, \quad \boldsymbol{v}_2 = \begin{pmatrix} 1 \\ 1 \\ -1 \end{pmatrix}, \quad \boldsymbol{v}_3 = \begin{pmatrix} 0 \\ -1 \\ 1 \end{pmatrix}$$

とおく．このとき，

(1) シュミットの方法で，$\boldsymbol{v}_1, \boldsymbol{v}_2, \boldsymbol{v}_3$ から正規直交規定を作れ．

(2) (1) の計算を参考にして，$\boldsymbol{v}_1, \boldsymbol{v}_2, \boldsymbol{v}_3$ に対応する行列

$$A = \begin{pmatrix} 1 & 1 & 0 \\ 1 & 1 & -1 \\ 0 & -1 & 1 \end{pmatrix}$$

を直交行列 T と上半三角行列 N の積 $T \cdot N$ に表せ.

2 W, W_1, W_2 を $V = \mathbb{R}^m$ の部分空間とするとき，次の等式を示せ.

$$(W^{\perp})^{\perp} = W, \tag{5.27}$$

$$(W_1 + W_2)^{\perp} = W_1^{\perp} \cap W_2^{\perp}, \tag{5.28}$$

$$(W_1 \cap W_2)^{\perp} = W_1^{\perp} + W_2^{\perp}. \tag{5.29}$$

5.2 固有値と固有ベクトル

定義 5.8 V をベクトル空間とし，$f : V \longrightarrow V$ を線形写像とする．このとき，V の部分空間 W が $f(W) \subseteq W$ をみたすなら，W は $\boldsymbol{f}$ **不変**であるという.

また, $A \in M_m(\mathbb{R})$, W を $V = \mathbb{R}^m$ の部分空間とするとき，$AW \subseteq W$ となるなら，W は $\boldsymbol{A}$ **不変**であるという.

W が A 不変であることは, A が引き起こす線形写像 $f_A : \mathbb{R}^m \longrightarrow \mathbb{R}^m$ に関して W が f_A 不変であることと同値である

このとき次が成り立つ：

定理 5.5 W を $V = \mathbb{R}^m$ の A 不変部分空間であるとし，W の基底 $\{\boldsymbol{v}_1, \ldots, \boldsymbol{v}_r\}$ をとり，それを V の基底 $\{\boldsymbol{v}_1, \ldots, \boldsymbol{v}_m\}$ に拡張する．このとき，基底 $\{\boldsymbol{v}_1, \ldots, \boldsymbol{v}_m\}$ に関し，f_A は次の形の行列 A' で表現される：

$$A' = \begin{pmatrix} A'_1 & A'_{12} \\ 0 & A'_2 \end{pmatrix} \tag{5.30}$$

$(A_1' \in M_r(\mathbb{R}),\ A_{12}' \in M_{r,m-r}(\mathbb{R}),\ A_2' \in M_{m-r}(\mathbb{R}))$. ここで，$A_1'$ は線形写像 $f|_W : W \longrightarrow W$ を基底 $\{\boldsymbol{v}_1, \ldots, \boldsymbol{v}_r\}$ に関して表す行列である．

【証明】 $A' = (a_{ij}')$ と表し，$f_A(\boldsymbol{v}_j) = \sum_{i=1}^m a_{ij}'\boldsymbol{v}_i$ と書く．ここで仮定 $AW \subseteq W$ より，$f_A(\boldsymbol{v}_j) \in W = <\boldsymbol{v}_1, \ldots, \boldsymbol{v}_r>_{\mathbb{R}}$ が $1 \leqq j \leqq r$ のとき成り立つ．よって

$$a_{ij}' = 0 \qquad (r+1 \leqq i \leqq m,\ 1 \leqq j \leqq r).$$

よって A' は定理の様な行列で表される．（**証明終り**）

定理の証明より，次の系が得られる．

系 5.1 $V = \mathbb{R}^m$ は 2 つの f 不変部分空間 W_1, W_2 の直和 $W_1 \oplus W_2$ であるとする．よって

$$W_1 + W_2 = V, \qquad W_1 \cap W_2 = \{\boldsymbol{0}\}$$

であるとする．そこで，V の基底 $\{\boldsymbol{v}, \ldots, \boldsymbol{v}_m\}$ で，$\{\boldsymbol{v}_1, \ldots, \boldsymbol{v}_r\}$ が W_1 の基底となり，$\{\boldsymbol{v}_{r+1}, \ldots, \boldsymbol{v}_m\}$ が W_2 の基底となるものを取る．このとき，この基底に関し f は次の形の行列で表される．

$$A' = \begin{pmatrix} A_1' & 0 \\ 0 & A_2' \end{pmatrix} \qquad (A_1' \in M_r(\mathbb{R}),\ A_2 \in M_{m-r}(\mathbb{R})). \tag{5.31}$$

定義 5.9 $A = (a_{ij}) \in M_m(\mathbb{R})$ を m 次正方行列とするとき，

$$f(t; A) = \det(t \cdot E_m - A) = \begin{vmatrix} t - a_{11} & -a_{12} & \cdots & -a_{1m} \\ -a_{21} & t - a_{22} & \cdots & -a_{2m} \\ \vdots & \vdots & \cdots & \vdots \\ -a_{m1} & -a_{m2} & \cdots & t - a_{mm} \end{vmatrix} \tag{5.32}$$

とおき，（t の多項式とみて）A の**固有多項式**または**特性多項式**と呼ぶ．また，方程式 $f(t;A)=0$ を**固有方程式**または**特性方程式**と呼び，$f(t;A)=0$ の解を A の**固有値**と呼ぶ[1]．

明らかに，$f(t;A)$ は m 次多項式で，その最高次 t^m の係数は 1 であり，定数項は $(-1)^m \det(A)$ である．$f(t;A)$ の x^{m-1} の係数を $-\operatorname{tr}(A)$ で表し，**トレース**と呼ぶ．行列 $A=(a_{ij})$ のトレースは，

$$\operatorname{tr}(A)=\sum_{i=1}^{m} a_{ii} \tag{5.33}$$

で与えられる．

例 5.3

$$A=\begin{pmatrix} 3 & 2 & 4 \\ 2 & 0 & 2 \\ 4 & 2 & 3 \end{pmatrix}$$

を考える．このとき，A の固有方程式は

$$f(t;A)=\begin{vmatrix} t-3 & -2 & -4 \\ -2 & t & -2 \\ -4 & -2 & t-3 \end{vmatrix}=t^3-6t^2-15t-8=(t+1)^2(t-8)$$

となる．よって A の固有値は，-1（重複度 2），8 である．□

例 5.4 $A \in M_m(\mathbb{R})$ が対角行列

$$A=\begin{pmatrix} \lambda_1 & 0 & \cdots & 0 \\ 0 & \lambda_2 & \cdots & 0 \\ \vdots & \vdots & \cdots & \vdots \\ 0 & 0 & \cdots & \lambda_m \end{pmatrix}$$

---

[1] A が実数を成分とする行列でも，固有値は一般には複素数となる．また，代数学の基本定理（定理 1.1）により，複素数を成分とする行列は複素数の範囲で固有値を持つ．

だとする．このとき，固有方程式は

$$\begin{vmatrix} t-\lambda_1 & 0 & \cdots & 0 \\ 0 & t-\lambda_2 & \cdots & 0 \\ \vdots & \vdots & \cdots & \vdots \\ 0 & 0 & \cdots & t-\lambda_m \end{vmatrix} = (t-\lambda_1)\cdot(t-\lambda_2)\cdots(t-\lambda_m) = 0$$

となるから，対角成分 $\lambda_1, \lambda_2, \ldots, \lambda_m$ は固有値となる． □

定義 5.10　$\alpha \in \mathbb{R}$ が固有値なら，$\det(\alpha E_m - A) = 0$ だから，ベクトル方程式

$$(\alpha E_m - A)\cdot \boldsymbol{x} = 0$$

は自明ではない解 $\boldsymbol{x} \in \mathbb{R}^m, \boldsymbol{x} \neq \boldsymbol{0}$ を持つ（系 4.7 参照）．この式は，

$$A\cdot \boldsymbol{x} = \alpha \cdot \boldsymbol{x} \tag{5.34}$$

と表せるが，この等式をみたすベクトル $\boldsymbol{x} \in \mathbb{R}, \boldsymbol{x} \neq \boldsymbol{0}$ を A の固有値 α に対する**固有ベクトル**と呼ぶ．

注意 5.3　(1) $\boldsymbol{x} \neq \boldsymbol{0}$ がある数 α に対して $A\boldsymbol{x} = \alpha\boldsymbol{x}$ をみたすなら，方程式 $(\alpha E_m - A)\boldsymbol{x} = \boldsymbol{0}$ は自明でない解を持つから，$\det(\alpha E_m - A) = 0$ となり，α は A の固有値である．

(2) 複素数 $\alpha \in \mathbb{C}$ が固有方程式 $f(t; A) = 0$ の解なら，$(\alpha E_m - A)\boldsymbol{x} = \boldsymbol{0}$ は自明でない複素数解を持ち，$\boldsymbol{x} \in \mathbb{C}^m, A\boldsymbol{x} = \alpha\boldsymbol{x}$ となるものが存在する．

例 5.5

$$A = \begin{pmatrix} 2 & 1 \\ -2 & 5 \end{pmatrix}$$

を考える．このとき，A の固有方程式は

$$f(t; A) = \begin{vmatrix} t-2 & -1 \\ 2 & t-5 \end{vmatrix} = (t-2)(t-5)+2 = t^2-7t+12 = (t-3)(t-4)$$

となる．よって A の固有値は，3，4 である．また，3 に対応する固有ベクトルは

$$\begin{pmatrix} 2 & 1 \\ -2 & 5 \end{pmatrix} \cdot \begin{pmatrix} x \\ y \end{pmatrix} = \begin{pmatrix} 2x+y \\ -2x+5y \end{pmatrix}, \quad 3 \cdot \begin{pmatrix} x \\ y \end{pmatrix} = \begin{pmatrix} 3x \\ 3y \end{pmatrix}$$

だから，$y = x$ となり，

$$\begin{pmatrix} x \\ y \end{pmatrix} = \begin{pmatrix} u \\ u \end{pmatrix} \qquad (u \text{ は任意})$$

となる．同様にして，4 に対応する固有ベクトルは，$y = 2x$ となり，

$$\begin{pmatrix} x \\ y \end{pmatrix} = \begin{pmatrix} v \\ 2v \end{pmatrix} \qquad (v \text{ は任意})$$

となる． □

定義 5.11 α を A の固有値とするとき，

$$V(A;\alpha) = \{\, \boldsymbol{x} \in V \mid A\boldsymbol{x} = \alpha\boldsymbol{x} \,\} \tag{5.35}$$

とおく．明らかに，$V(A;\alpha) = \mathrm{Ker}(\alpha E_m - A)$ は V の部分空間であり，定理 4.3 と定義 4.11 より，

$$\dim V(A;\alpha) = m - \mathrm{rank}(\alpha E_m - A) \tag{5.36}$$

が成り立つ．$V(A;\alpha)$ を A の固有値 α に対する**固有空間**と呼ぶ．

α, β を A の相異なる固有値とし，$\boldsymbol{x}$ を $V(A;\alpha) \cap V(A;\beta)$ の元とすると，$A\boldsymbol{x} = \alpha\boldsymbol{x}$ かつ $A\boldsymbol{x} = \beta\boldsymbol{x}$ が成り立つ．よって，

$$\boldsymbol{0} = A\boldsymbol{x} - A\boldsymbol{x} = \alpha\boldsymbol{x} - \beta\boldsymbol{x} = (\alpha - \beta)\boldsymbol{x}$$

となり，$\alpha \neq \beta$ だから，$\boldsymbol{x} = \boldsymbol{0}$ となる．よって，$\alpha \neq \beta$ なら $V(A;\alpha) \cap V(A;\beta) = \{\boldsymbol{0}\}$ となる．よって，次の命題が証明できた．

命題 5.4 A の相異なる固有値を α, β とするとき,

$$V(A;\alpha) \cap V(A;\beta) = \{\mathbf{0}\} \tag{5.37}$$

となる.

一般に，次が証明できる：

系 5.2 $\alpha_1, \ldots, \alpha_s$ を A の相異なる固有値とし, $\boldsymbol{x}_i \in V(A;\alpha_i)$, $\boldsymbol{x}_i \neq \mathbf{0}$ とすると, $\boldsymbol{x}_1, \ldots, \boldsymbol{x}_s$ は線形独立である[2].

例 5.6 例 5.4 の対角行列

$$A = \begin{pmatrix} \lambda_1 & 0 & 0 & \cdots & 0 \\ 0 & \lambda_2 & 0 & \cdots & 0 \\ 0 & 0 & \lambda_3 & \cdots & 0 \\ \vdots & \vdots & \vdots & \cdots & \vdots \\ 0 & 0 & 0 & \cdots & \lambda_m \end{pmatrix} \qquad (\lambda_1, \lambda_2, \lambda_3, \cdots, \lambda_m \in \mathbb{R})$$

を考え, $\mathbb{R}$ の標準基底 $\{\boldsymbol{e}_1, \boldsymbol{e}_2, \boldsymbol{e}_3, \cdots, \boldsymbol{e}_m\}$ をとる. このとき,

$$A \cdot \begin{pmatrix} x_1 \\ x_2 \\ x_3 \\ \vdots \\ x_m \end{pmatrix} = \begin{pmatrix} \lambda_1 x_1 \\ \lambda_2 x_2 \\ \lambda_3 x_3 \\ \vdots \\ \lambda_m x_m \end{pmatrix}$$

だから, 方程式 $A\boldsymbol{x} = \lambda_i \boldsymbol{x}$ を解くことにより, $\lambda_i\,(i = 1, 2, 3, \cdots, m)$ は A の固有ベクトル $\boldsymbol{e}_i$ に対応する固有値であることが分かる.

---

[2] $a_1\boldsymbol{x}_1 + \cdots + a_s\boldsymbol{x}_s = \mathbf{0}$ なら, これに A^i を掛けると, $a_1\alpha_1^i\boldsymbol{x}_1 + \cdots + a_s\alpha_s^i\boldsymbol{x}_s = \mathbf{0}$ となる.

さらに，$\lambda_1, \lambda_2, \lambda_3, \cdots, \lambda_m$ がすべて相異なるとするなら，

$$V(A;\lambda_i) = < \boldsymbol{e}_i >_{\mathbb{R}}$$

となることが分かる．

また $\lambda_1 = \cdots = \lambda_k = \lambda$ で，この値が $\lambda_{k+1}, \cdots \lambda_m$ のどれとも異なるなら，

$$V(A;\lambda) =< \boldsymbol{e}_1, \boldsymbol{e}_2, \cdots, \boldsymbol{e}_k >_{\mathbb{R}} = \left\{ \left(\begin{array}{c} x_1 \\ \vdots \\ x_k \\ 0 \\ \vdots \\ 0 \end{array} \right| x_1, \cdots, x_k \in \mathbb{R} \left. \vphantom{\begin{array}{c} x_1 \\ \vdots \\ x_k \\ 0 \\ \vdots \\ 0 \end{array}} \right) \right\}$$

となる． □

演習問題

1 行列

$$A = \begin{pmatrix} 2 & 3 \\ 4 & 3 \end{pmatrix}$$

とおく．

(1) A の固有方程式を求めよ．

(2) A の固有値と固有ベクトルを求めよ．

（ヒント） 固有値は，$-1, 6$ である．

2

$$A = \begin{pmatrix} 1 & 1 & 0 \\ 1 & 1 & -1 \\ 0 & -1 & 1 \end{pmatrix}$$

とおく．

(1) A の固有方程式を求めよ．

(2) A の固有値と固有ベクトルを求めよ．

3 A を例 5.3 の通りとするとき，固有値 $-1, 8$ に対する固有ベクトルを求めよ．

4

$$A = \begin{pmatrix} a & 0 & 0 \\ 0 & b & d \\ 0 & 0 & c \end{pmatrix} \qquad (a, b, c, d \in \mathbb{R})$$

とする．このとき，a, b, c, d の値に応じ，A の固有値と固有ベクトルがどうなるかを求めよ．

5.3 実対称行列の標準形

$A \in M_m(\mathbb{R})$ は対称行列であるとする．つまり，${}^tA = A$ をみたすとする．このとき，${}^t(A \cdot \boldsymbol{x}) \cdot \boldsymbol{y} = {}^t\boldsymbol{x} \cdot {}^tA \cdot \boldsymbol{y} = {}^t\boldsymbol{x} \cdot A \cdot \boldsymbol{y} = {}^t\boldsymbol{x} \cdot (A \cdot \boldsymbol{y})$ だから，次の等式が成り立つ：

$$< A\boldsymbol{x}, \boldsymbol{y} > = < \boldsymbol{x}, A\boldsymbol{y} > \qquad (\boldsymbol{x}, \boldsymbol{y} \in \mathbb{R}^m) \tag{5.38}$$

これより次の補題が得られる．

補題 5.2 実対称行列の固有値は，実数である．

証明# 複素数 $\alpha \in \mathbb{C}$，複素数を成分に持つベクトル $\boldsymbol{x} \in \mathbb{C}^m$，及び複素数を成分に持つ行列 $B \in M_m(\mathbb{C})$ が与えられたとき，$\overline{\alpha}$, $\overline{\boldsymbol{x}}$, $\overline{B}$ でそれらの行列成分を**複素共役**にしたものを表す．

α を実対称行列 A の固有値となる複素数とする．このとき，$\det(\alpha E_m - A) = 0$ となるから，複素ベクトル $\boldsymbol{x} \in \mathbb{C}^m, \boldsymbol{x} \neq \boldsymbol{0}$ で $A\boldsymbol{x} = \alpha\boldsymbol{x}$ をみたすものが存在する (系 4.7 参照)．このとき，${}^t\overline{A} = {}^tA = A$ であるから，

$${}^t\overline{\boldsymbol{x}} \cdot A \cdot \boldsymbol{x} = {}^t\overline{\boldsymbol{x}} \cdot (A \cdot \boldsymbol{x}) = {}^t\overline{\boldsymbol{x}} \cdot (\alpha \cdot \boldsymbol{x}) = \alpha \cdot {}^t\overline{\boldsymbol{x}} \cdot \boldsymbol{x},$$

$${}^t\overline{\boldsymbol{x}} \cdot A \cdot \boldsymbol{x} = {}^t\overline{\boldsymbol{x}} \cdot {}^t\overline{A} \cdot \boldsymbol{x} = \overline{{}^t(A \cdot \boldsymbol{x})} \cdot \boldsymbol{x} = \overline{{}^t(\alpha \cdot \boldsymbol{x})} \cdot \boldsymbol{x} = \overline{\alpha} \cdot {}^t\overline{\boldsymbol{x}} \cdot \boldsymbol{x}$$

となる．よって

$$(\alpha - \overline{\alpha}) \cdot {}^t\overline{\boldsymbol{x}} \cdot \boldsymbol{x} = 0$$

となる．ここで $(x_1, \ldots, x_m) \neq (0, \ldots, 0)$ であるから，

$$ {}^t\overline{\boldsymbol{x}} \cdot \boldsymbol{x} = \sum_{i=1}^{m} \overline{x_i} \cdot x_i = \sum_{i=1}^{m} |x_i|^2 > 0 $$

となる．よって $\overline{\alpha} = \alpha$ となり，α は実数となる． （証明終り）

例 5.7

$$ A = \begin{pmatrix} a & b \\ b & c \end{pmatrix} \qquad (a, b, c \text{ は実数}) $$

を考える．このとき，A の固有方程式は

$$ f(t; A) = \begin{vmatrix} t-a & -b \\ -b & t-c \end{vmatrix} = (t-a)(t-c) - b^2 = t^2 - (a+c)t + ac - b^2 $$

であるが，右辺の判別式は

$$ D = (a+c)^2 - 4(ac - b^2) = (a-c)^2 + 4b^2 \geqq 0 $$

であるから，A の固有値は実数となる．とくに，固有方程式が重解となるのは，$a = c, b = 0$ となる場合であり，A は対角行列となる． □

この節の主結果は，次の定理である．

定理 5.6 $A \in M_m(\mathbb{R})$ を実対称行列とする．このとき，直交行列 T で，${}^tTAT = T^{-1}AT$ が対角行列となるものが存在する：

$$ {}^tTAT = T^{-1}AT = \begin{pmatrix} \alpha_1 & 0 & \cdots & 0 \\ 0 & \alpha_2 & \cdots & 0 \\ \vdots & \vdots & \cdots & \vdots \\ 0 & 0 & \cdots & \alpha_m \end{pmatrix}. \qquad (5.39) $$

証明# 我々はこの定理を m に関する帰納法で証明する．

もし $m = 1$ なら，定理は自明である．よって $m-1$ のときに定理が成立すると仮定する．

代数学の基本定理（定理 1.1）により，固有値は必ず存在する．そこで，α_1 を A の固有値とする．したがって，$f(A; \alpha_1) = \det(\alpha_1 E_m - A) = 0$ とする．補題によ

り，α_1 は実数であり，実数係数の $\boldsymbol{x}$ についての方程式

$$(\alpha_1 E_m - A)\cdot \boldsymbol{x} = \boldsymbol{0}$$

は自明でない実数解 $\boldsymbol{x} \in \mathbb{R}^m, \boldsymbol{x} \neq \boldsymbol{0}$ を持つ．

$\boldsymbol{t}_1 = \boldsymbol{x}/\parallel \boldsymbol{x} \parallel$ とおく．このとき，$\parallel \boldsymbol{t}_1 \parallel = 1$ をみたす．そこで $W_1 = <\boldsymbol{x}>_{\mathbb{R}} = <\boldsymbol{t}_1>_{\mathbb{R}}$ とおくと，W_1 は $V = \mathbb{R}^m$ の1次元の部分空間をなす．

$$A\boldsymbol{x} = \alpha_1 \boldsymbol{x}$$

であるから，W_1 は A 不変である．また，$\boldsymbol{y} \in W_1^{\perp}$ とすると $<\boldsymbol{x}, A\boldsymbol{y}> = <A\boldsymbol{x}, \boldsymbol{y}> = <\alpha_1\boldsymbol{x}, \boldsymbol{y}> = \alpha_1 <\boldsymbol{x}, \boldsymbol{y}> = 0$ をみたすから，$A\boldsymbol{y} \in W_1^{\perp}$ となる．よって，W_1 の直交補空間

$$W_2 = (W_1)^{\perp} = \{\boldsymbol{y} \in V \mid <\boldsymbol{x}, \boldsymbol{y}> = 0\}$$

は V の $m-1$ 次元の A 不変部分空間となる．

$\{\boldsymbol{t}'_2, \ldots, \boldsymbol{t}'_m\}$ を W_2 の正規直交基底とする．このとき，$\{\boldsymbol{t}_1, \boldsymbol{t}'_2, \ldots, \boldsymbol{t}'_m\}$ は V の正規直交基底であり，この基底への変換を表す直交行列 T_1 をとると，$T_1^{-1}AT_1$ は次の形となる：

$$T_1^{-1}AT_1 = \begin{pmatrix} \alpha & 0 \\ 0 & A_2 \end{pmatrix}. \tag{5.40}$$

このとき，

$$\begin{pmatrix} \alpha & 0 \\ 0 & {}^tA_2 \end{pmatrix} = {}^t(T_1^{-1}AT_1) = {}^tT_1AT_1 = T_1^{-1}AT_1 = \begin{pmatrix} \alpha & 0 \\ 0 & A_2 \end{pmatrix}$$

となる．よって ${}^tA_2 = A_2$ となり，A_2 は $m-1$ 次の実対称行列である．したがって，帰納法の仮定により，次数 $m-1$ の直交行列 T_2 で $A'_2 = T_2^{-1}A_2T_2$ が $m-1$ 次の対角行列となるものが存在する：

$$A'_2 = T_2^{-1}A_2T_2 = \begin{pmatrix} \alpha_2 & 0 & \cdots & 0 \\ 0 & \alpha_3 & \cdots & 0 \\ \vdots & \vdots & \cdots & \vdots \\ 0 & 0 & \cdots & \alpha_m \end{pmatrix}. \tag{5.41}$$

T_2 は直交行列だから，

$$T_2' = \begin{pmatrix} 1 & 0 \\ 0 & T_2 \end{pmatrix} \tag{5.42}$$

は直交行列となる．よって $T = T_1 \cdot T_2'$ は直交行列であり，

$$T^{-1}AT = (T_2')^{-1}(T_1^{-1}AT_1)T_2' = (T_2')^{-1}\begin{pmatrix} \alpha & 0 \\ 0 & A_2 \end{pmatrix} T_2'$$

$$= \begin{pmatrix} \alpha & 0 \\ 0 & T_2^{-1}A_2T_2 \end{pmatrix} = \begin{pmatrix} \alpha_1 & 0 & \cdots & 0 \\ 0 & \alpha_2 & \cdots & 0 \\ \vdots & \vdots & \ldots & \vdots \\ 0 & 0 & \cdots & \alpha_m \end{pmatrix} \tag{5.43}$$

となる．これで帰納法が完成した．　（証明終り）

> **補題 5.3**　$A \in M_m(\mathbb{R})$ を m 次実対称行列とし，α, β を A の相異なる固有値とする．このとき，α, β に対応する固有空間
>
> $$V(A;\alpha) = \{\boldsymbol{x} \in V \mid A\cdot\boldsymbol{x} = \alpha\boldsymbol{x}\}, \qquad V(A;\beta) = \{\boldsymbol{x} \in V \mid A\cdot\boldsymbol{x} = \beta\boldsymbol{x}\}$$
>
> は直交する．

【証明】　$\boldsymbol{x} \in V(A;\alpha)$, $\boldsymbol{y} \in V(A;\beta)$ とする．このとき，

$$< \boldsymbol{x}, A\boldsymbol{y} > = < \boldsymbol{x}, \beta\boldsymbol{y} > = \beta < \boldsymbol{x}, \boldsymbol{y} >$$

となる．ところが A は対称行列だから，

$$< \boldsymbol{x}, A\boldsymbol{y} > = < A\boldsymbol{x}, \boldsymbol{y} > = < \alpha\boldsymbol{x}, \boldsymbol{y} > = \alpha < \boldsymbol{x}, \boldsymbol{y} >$$

となる．よって $\alpha < \boldsymbol{x}, \boldsymbol{y} > = \beta < \boldsymbol{x}, \boldsymbol{y} >$ となり，$(\alpha - \beta) < \boldsymbol{x}, \boldsymbol{y} > = 0$ となるが，$\alpha \neq \beta$ だから $< \boldsymbol{x}, \boldsymbol{y} > = 0$ となる．　（証明終り）

定理より，V は A の固有ベクトル全体で張られる（例 5.5 参照）から，$\alpha_1, \ldots, \alpha_s$ を A の相異なる固有値全体とすると $V = V(A;\alpha_1) + \cdots + V(A;\alpha_s)$ となる．よって命題 5.4 と補題より次の系を得る．

系 5.3 $V=\mathbb{R}^m$ とし，$A\in M_m(\mathbb{R})$ を m 次実対称行列，$\alpha_1,\dots,\alpha_s$ を A の相異なる固有値全体とする．このとき，V は $V(A;\alpha_i)\ (i=1,\dots,s)$ の直交直和となる：

$$V=V(A;\alpha_1)\oplus\cdots\oplus V(A;\alpha_s),$$
$$i\neq j \text{ なら } V(A;\alpha_i) \text{ と } (A;\alpha_j) \text{ は直交.} \tag{5.44}$$

例 5.8 A をサイズ2の実対称行列

$$A=\begin{pmatrix} a & b \\ b & c \end{pmatrix}$$

であるとする．$a=c, b=0$ の場合には，A 自身が対角行列である．また，$a=c, b=0$ の場合を除くと，例 5.7 より，A は相異なる固有値 α,β を持つ．ここで，補題 5.3 より，$V(A;\alpha)$ と $V(A;\beta)$ は直交する．そこで，$V(A;\alpha), V(A;\beta)$ の長さ1のベクトル $\boldsymbol{v}_1,\boldsymbol{v}_2$ を取ると，$A\boldsymbol{v}_1=\alpha\boldsymbol{v}_1, A\boldsymbol{v}_2=\beta\boldsymbol{v}_1$ だから，この基底に関して A は対角行列で表される．ところが，$\boldsymbol{v}_1,\boldsymbol{v}_2$ は直交するから，$\{\boldsymbol{v}_1,\boldsymbol{v}_2\}$ は V の正規直交基底となり，標準基底をこの基底に取り替える行列は直交行列となる．よって，A は直交行列を使って対角化できる． □

$A,B\in M_m(\mathbb{R})$ を m 次実対称行列で，A と B は可換 $A\cdot B=B\cdot A$ とする．α を A の固有値とし，$\boldsymbol{x}$ を A の固有値 α に対する固有ベクトルとする．したがって $A\boldsymbol{x}=\alpha\boldsymbol{x}$ だとする．ここで $\boldsymbol{y}=B\boldsymbol{x}$ と置くと，

$$A\cdot\boldsymbol{y}=A\cdot B\cdot\boldsymbol{x}=B\cdot A\cdot\boldsymbol{x}=B\cdot(A\cdot\boldsymbol{x})=B\cdot\alpha\boldsymbol{x}=\alpha(B\cdot\boldsymbol{x})=\alpha\boldsymbol{y}$$

となる．よって B は $V(A;\alpha)=\{\boldsymbol{x}\in V\mid A\cdot\boldsymbol{x}=\alpha\boldsymbol{x}\}$ を $V(A;\alpha)$ に写す．

$\alpha_1,\dots,\alpha_s$ を A の相異なる固有値の全体とする．このとき，B は写像 $B_i:V(A;\alpha_i)\longrightarrow V(A;\alpha_i)$ を引き起こす．そこで $\{\boldsymbol{t}_1^{(i)},\dots,\boldsymbol{t}_{m_i}^{(i)}\}$ を B_i が対角行列で表される様な $V(A;\alpha_i)$ の正規直交基底とする．このとき，基底

$\cup_{i=1}^{s}\{\boldsymbol{t}_1^{(i)},\ldots,\boldsymbol{t}_{m_i}^{(i)}\}$，に関し A と B は対角行列で表される．

同様にして，次の定理が証明できる：

定理 5.7 $A_1,\ldots,A_t$ を互いに可換 $A_i\cdot A_j=A_j\cdot A_i\,(1\leqq i,j\leqq t)$ な m 次実対称行列とする．このとき，$V=\mathbb{R}^m$ の正規直交基底で，この基底に関し $A_1,\ldots,A_t$ が対角行列で表される様なものが存在する．

例 5.9 2つの実対称行列

$$A=\begin{pmatrix}\alpha & 0 & 0\\ 0 & \alpha & 0\\ 0 & 0 & \beta\end{pmatrix},\qquad B=\begin{pmatrix}b_{11} & b_{12} & b_{13}\\ b_{12} & b_{22} & b_{23}\\ b_{13} & b_{23} & b_{33}\end{pmatrix}$$

$(\alpha,\beta,b_{ij}\in\mathbb{R},\alpha\neq\beta)$ は $A\cdot B=B\cdot A$ をみたすとする．このとき，$A\cdot B=B\cdot A$ だから，$b_{13}=b_{23}=0$ となる．よって，

$$A=(\alpha E_2)\oplus(\beta)=\begin{pmatrix}\alpha E_2 & 0\\ 0 & \beta\end{pmatrix},\ B=B_1\oplus(b_{33})=\begin{pmatrix}B_1 & 0\\ 0 & b_{33}\end{pmatrix}$$

となる．ここで，

$$B_1=\begin{pmatrix}b_{11} & b_{12}\\ b_{12} & b_{22}\end{pmatrix}$$

とおくと，B_1 は実対称行列で，適当な直交行列 T_1 を取ると，$T_1^{-1}B_1T_1$ は対角行列となる．そこで

$$T=T_1\oplus(1)=\begin{pmatrix}T_1 & 0\\ 0 & 1\end{pmatrix}$$

とおくと，T は直交行列であり，$T^{-1}\cdot A\cdot T=A$ と $T^{-1}\cdot B\cdot T=(T_1\oplus(1))^{-1}\cdot(B_1\oplus(b_{33}))\cdot(T_1\oplus(1))=(T_1^{-1}\cdot B_1\cdot T_1)\oplus(b_{33})$ は対角行列となる． □

例 5.10 $A \in M_m(\mathbb{R})$ を m 次実対称行列とする．このとき，

$$\boldsymbol{x} = \begin{pmatrix} x_1 \\ \vdots \\ x_m \end{pmatrix} \in \mathbb{R}^m$$

に対し

$$A[\boldsymbol{x}] = {}^t\boldsymbol{x} \cdot A \cdot \boldsymbol{x} \tag{5.45}$$

とおき，$x_1, \cdots, x_m$ の m 変数の関数 $A[\boldsymbol{x}]$ を定義し，**二次形式**と呼ぶ．$A[\boldsymbol{x}]$ は $x_1, \cdots, x_m$ の 2 次関数である．

$P \in GL_m(\mathbb{R})$ を可逆行列とし，$\boldsymbol{x}$ を $P \cdot \boldsymbol{x}$ で置き換える．このとき，

$$\begin{aligned} A[P \cdot \boldsymbol{x}] &= {}^t(P \cdot \boldsymbol{x}) \cdot A \cdot (P \cdot \boldsymbol{x}) = {}^t\boldsymbol{x} \cdot {}^tP \cdot A \cdot P \cdot \boldsymbol{x} \\ &= {}^t\boldsymbol{x} \cdot ({}^tP \cdot A \cdot P) \cdot \boldsymbol{x} = ({}^tP \cdot A \cdot P)[\boldsymbol{x}] \end{aligned}$$

となる．したがって，定理 5.6 より，直交行列 T で

$${}^tTAT = T^{-1}AT = \begin{pmatrix} \alpha_1 & 0 & \cdots & 0 \\ 0 & \alpha_2 & \cdots & 0 \\ \vdots & \vdots & \cdots & \vdots \\ 0 & 0 & \cdots & \alpha_m \end{pmatrix}$$

となるものを取り，

$$T^{-1} \cdot \boldsymbol{x} = \boldsymbol{y} = \begin{pmatrix} y_1 \\ \vdots \\ y_m \end{pmatrix}$$

とおくと，$\boldsymbol{x} = T\boldsymbol{y}$ だから，

$$\begin{aligned} A[\boldsymbol{x}] &= A[T\boldsymbol{y}] = {}^t(T\boldsymbol{y}) \cdot A \cdot (T\boldsymbol{y}) = {}^t\boldsymbol{y} \cdot ({}^tTAT) \cdot \boldsymbol{y} \\ &= (y_1, \cdots y_m) \cdot \begin{pmatrix} \alpha_1 & 0 & \cdots & 0 \\ 0 & \alpha_2 & \cdots & 0 \\ \vdots & \vdots & \cdots & \vdots \\ 0 & 0 & \cdots & \alpha_m \end{pmatrix} \cdot \begin{pmatrix} y_1 \\ \vdots \\ y_m \end{pmatrix} \\ &= \alpha_1 y_1^2 + \alpha_2 y_2^2 + \cdots + \alpha_{m-1} y_{m-1}^2 + \alpha_m y_m^2 \end{aligned} \tag{5.46}$$

となる．よって二次形式は，直交行列による座標変換により，対角型の二次形式に書き換えることができる．

$\alpha_1, \alpha_2, \ldots, \alpha_{m-1}, \alpha_m$ の中で正のものを p 個，負となるものが q 個，0 となるものが $m-p-q$ 個となるとするとき，(p, q) を二次形式 $A[\boldsymbol{x}]$ の**符号数**と呼ぶ．

$m = p$ のときには，すべての固有値は正となる．この場合，二次形式は**正定値**であるという．同様にして，$m = q$ の場合には**負定値**であるという．$A[\boldsymbol{x}]$ が正定値なら，

$$A[\boldsymbol{x}] = \alpha_1 y_1^2 + \alpha_2 y_2^2 + \cdots + \alpha_{m-1} y_{m-1}^2 + \alpha_m y_m^2 = 0$$

$$\Longleftrightarrow y_1 = y_2 = \cdots = y_{m-1} = y_m = 0 \Longleftrightarrow \boldsymbol{y} = \boldsymbol{0} \Longleftrightarrow \boldsymbol{x} = \boldsymbol{0}$$

となり，$\boldsymbol{x} \neq \boldsymbol{0}$ なら $A[\boldsymbol{x}] > 0$ となる．

$m = 2$ とする．このとき符号数としては，$(2, 0), (1, 1), (0, 2), (1, 0), (0, 1)$, $(0, 0)$ が起こりうる．符号数が $(2, 0)$ なら

$$A[\boldsymbol{x}] = \alpha_1 y_1^2 + \alpha_2 y_2^2 \qquad (\alpha_1, \alpha_2 \text{は正の数})$$

となり，$A[\boldsymbol{x}] = c$ (c は正の定数) は楕円となる．同様にして，符号数が $(1, 1)$ なら $A[\boldsymbol{x}] = c$ (c は定数) は双曲線となる．

有理数や整数を成分とする対称行列 A から作られる二次形式は，数学の研究対象として重要である． □

例 5.11 $m = 2$ の場合の二次形式は，

$$A = \begin{pmatrix} a & b/2 \\ b/2 & c \end{pmatrix}, \qquad \boldsymbol{x} = \begin{pmatrix} x \\ y \end{pmatrix}$$

とおくと，

$$A[\boldsymbol{x}] = {}^t\boldsymbol{x} \cdot A \cdot \boldsymbol{x} = ax^2 + bxy + cy^2 \tag{5.47}$$

と書ける．この様なものを，二元二次形式という．ガウスは，整数係数の二元二次形式の整数論的性質を研究した．

$a=1, b=0, c=1$ の場合には,

$$x^2+y^2=\left(x-\sqrt{-1}y\right)\left(x+\sqrt{-1}y\right)$$

となる．そこで，方程式 $x^2+y^2=1$ の整数解を考えると，x^2 と y^2 は整数の2乗だから，0でなければ1以上となり，解は $(x,y)=(\pm1,0),(0,\pm1)$ となり，$x+\sqrt{-1}y=\pm1,\pm\sqrt{-1}$ となる．この様に，二次形式 x^2+y^2 は，ガウスの整数環

$$\mathbb{Z}\left[\sqrt{-1}\right]=\left\{x+y\sqrt{-1}\middle|x,y\in\mathbb{Z}\right\}$$

の性質と密接な関係がある．

また $a=1, b=1, c=1$ の場合には,

$$x^2+xy+y^2=\left(x-\frac{-1+\sqrt{-3}}{2}y\right)\left(x-\frac{-1-\sqrt{-3}}{2}y\right)$$

となり，環

$$\mathbb{Z}\left[\frac{-1+\sqrt{-3}}{2}\right]=\left\{x+y\frac{-1+\sqrt{-3}}{2}\middle|x,y\in\mathbb{Z}\right\}$$

の性質と密接な関係がある． □

演習問題

1

$$A=\begin{pmatrix}2&1&0&0\\1&2&1&0\\0&1&2&1\\0&0&1&2\end{pmatrix}$$

とおく．このとき,

(1) A の固有方程式を求めよ．

(2) 適当な直交行列 T を使って ${}^tTAT$ を対角行列にする．その様にしてできる行列 ${}^tTAT$ を求めよ．(T は求めなくてもよい.)

2 $x^2+y^2=5$, $x^2+y^2=13$ の整数解を求めよ．また，$x^2+y^2=3$, $x^2+y^2=107$ は整数解を持たないことを示せ[3].

---

[3] p が2以外の素数なら，p を4で割ると1余るとき，その時に限り，方程式 $x^2+y^2=p$ は整数解を持つ．

3　3次元ベクトル $\boldsymbol{x} = (x_1, x_2, x_3)$, $\boldsymbol{y} = (y_1, y_2, y_3)$ に対して，**外積** $\boldsymbol{x} \times \boldsymbol{y}$ を

$$\boldsymbol{x} \times \boldsymbol{y} = (x_2 \cdot y_3 - x_3 \cdot y_2,\quad x_3 \cdot y_1 - x_1 \cdot y_3,\quad x_1 \cdot y_2 - x_2 \cdot y_1) \in \mathbb{R}^3 \tag{5.48}$$

で定義する．このとき，次を示せ．

(1)

$$\boldsymbol{y} \times \boldsymbol{x} = -\boldsymbol{x} \times \boldsymbol{y}. \tag{5.49}$$

(2)　$\{\boldsymbol{e}_1, \boldsymbol{e}_2, \boldsymbol{e}_3\}$ を $\mathbb{R}$ の標準的基底とするとき，

$$\boldsymbol{e}_1 \times \boldsymbol{e}_2 = \boldsymbol{e}_3, \qquad \boldsymbol{e}_2 \times \boldsymbol{e}_3 = \boldsymbol{e}_1, \qquad \boldsymbol{e}_3 \times \boldsymbol{e}_1 = \boldsymbol{e}_2. \tag{5.50}$$

(3)　$\boldsymbol{x} \times \boldsymbol{y} = \boldsymbol{0}$ となるのは，$\boldsymbol{x}$ と $\boldsymbol{y}$ が一次従属のときである．

(4)

$$< \boldsymbol{x} \times \boldsymbol{y}, \boldsymbol{z} >= \begin{vmatrix} x_1 & y_1 & z_1 \\ x_2 & y_2 & z_2 \\ x_3 & y_3 & z_3 \end{vmatrix}. \tag{5.51}$$

4　(1)　$A, B \in M_m(\mathbb{R})$ とするとき，

$$\mathrm{tr}(A \cdot B) = \mathrm{tr}(B \cdot A) \tag{5.52}$$

となることを示せ．

(2)

$$X \cdot Y - Y \cdot X = E_m$$

となる $X, Y \in M_m(\mathbb{R})$ は存在しないことを示せ．

5　(1)　$\mathbb{R}^m$ から $\mathbb{R}$ への任意の線形写像 f は，適当な $\boldsymbol{a} \in \mathbb{R}^m$ があり，

$$f(\boldsymbol{x}) = (\boldsymbol{a}, \boldsymbol{x})$$

と $\mathbb{R}^m$ の内積 $<\ ,\ >$ を使って書けることを示せ．

（ヒント）　$\boldsymbol{x}$ として，標準的基底 $\boldsymbol{e}_i\ (i = 1, \cdots, m)$ を取ってみよ．

(2)　$M_m(\mathbb{R})$ から $\mathbb{R}$ への任意の線形写像 f は，適当な $A \in M_m(\mathbb{R})$ があり，

$$f(X) = \mathrm{tr}(A \cdot X)$$

とトレース $\mathrm{tr}(\ )$ を使って書けることを示せ．

6　$A \in GL_m(\mathbb{R})$ を m 次可逆行列とする．このとき，次を示せ．

(1)　${}^tA \cdot A$ は対称行列である．

(2)　$({}^tA \cdot A)[\boldsymbol{x}] = {}^t\boldsymbol{x} \cdot {}^tA \cdot A \cdot \boldsymbol{x} = {}^t(A \cdot \boldsymbol{x}) \cdot (A \cdot \boldsymbol{x}) \geqq 0$ であり，0 となるのは，$\boldsymbol{x} = \boldsymbol{0}$ のときに限る．

(3)　直交行列 $P, Q \in O(m)$ をうまく取ると，PAQ が対角行列となることを示せ．

（ヒント）　${}^tA \cdot A$ は対称行列だから，定理 5.6 により，適当な直交行列 $Q \in O(n)$ を取ると，${}^tQ \cdot {}^tA \cdot A \cdot Q$ は対角行列となる．ここで，小問 (2) より，対角成分 $\alpha_i\,(i = 1, \cdots, m)$ はすべて正である．そこで平方根 $\sqrt{\alpha_i}\,(i = 1, \cdots, m)$ を対角成分とする行列を D とすると，${}^tQ \cdot {}^tA \cdot A \cdot Q = D^2 = {}^tD \cdot D$ と書ける．このとき，${}^t(A \cdot Q \cdot D^{-1}) \cdot (A \cdot Q \cdot D^{-1}) = E_m$ となり，$A \cdot Q \cdot D^{-1}$ は直交行列である．これを P^{-1} とおく．

第6章

複素ベクトル空間

第１章から第４章にある計量に関係しないベクトル空間や行列の性質は，実数 $\mathbb{R}$ を複素数 $\mathbb{C}$ で置き換えても成り立つ．本章ではそのことを使う．

また，6.1 節の結果は第５章と平行して得ることができ，6.2 節の結果の証明は長くなるので，この章では結果を分かりやすく書くことに重点を置き，証明の細部は読者に委ねる．

6.1 複素計量ベクトル空間

定義 6.1 $V = \mathbb{C}^m$ を m 次複素ベクトル全体のなす $\mathbb{C}$ 上のベクトル空間とする．このとき，V の２つのベクトル

$$\boldsymbol{x} = \begin{pmatrix} x_1 \\ x_2 \\ \vdots \\ x_m \end{pmatrix}, \qquad \boldsymbol{y} = \begin{pmatrix} y_1 \\ y_2 \\ \vdots \\ y_m \end{pmatrix} \qquad (x_1, \ldots, x_m, y_1, \ldots, y_m \in \mathbb{C})$$

に対し，エルミート内積を

$$< \boldsymbol{x}, \boldsymbol{y} > = \sum_{i=1}^{m} \overline{x_i}\, y_i \tag{6.1}$$

で定義する．

この内積は，次の性質 (H1), (H2), (H3) を持つ：

$$\text{(H1)}\quad <\boldsymbol{y},\boldsymbol{x}> = \overline{<\boldsymbol{x},\boldsymbol{y}>} \qquad (\boldsymbol{x},\boldsymbol{y} \in \mathbb{C}); \tag{6.2}$$

$$\text{(H2)}\quad <\boldsymbol{x}_1+\boldsymbol{x}_2,\boldsymbol{y}> = <\boldsymbol{x}_1,\boldsymbol{y}> + <\boldsymbol{x}_2,\boldsymbol{y}>, \tag{6.3}$$

$$<c\boldsymbol{x},\boldsymbol{y}> = \overline{c}<\boldsymbol{x},\boldsymbol{y}> \qquad (\boldsymbol{x}_1,\boldsymbol{x}_2,\boldsymbol{x},\boldsymbol{y} \in \mathbb{C}^m, c \in \mathbb{C}); \tag{6.4}$$

$$\text{(H3)}\quad <\boldsymbol{x},\boldsymbol{x}> = \sum_{i=1}^{m} |x_i|^2 > 0 \qquad (\boldsymbol{x} \in \mathbb{C}, \boldsymbol{x} \neq \boldsymbol{0}). \tag{6.5}$$

定義 6.2　(H3) より，ベクトル $\boldsymbol{x}$ のノルムを

$$\| \boldsymbol{x} \| = \sqrt{<\boldsymbol{x},\boldsymbol{x}>} \tag{6.6}$$

で定義する．

このとき，実数体上の場合と同様にして，シュワルツの不等式や三角不等式などが成り立つことが確かめられる：

$$\| \boldsymbol{x} \| = 0 \quad \Leftrightarrow \quad \boldsymbol{x} = \boldsymbol{0}, \tag{6.7}$$

$$\| c \cdot \boldsymbol{x} \| = |c| \cdot \| x \| \qquad (c \in \mathbb{C}), \tag{6.8}$$

$$|<\boldsymbol{x},\boldsymbol{y}>| \leqq \| \boldsymbol{x} \| \cdot \| \boldsymbol{y} \|, \tag{6.9}$$

$$\big| \| \boldsymbol{x} \| - \| \boldsymbol{y} \| \big| \leqq \| \boldsymbol{x}+\boldsymbol{y} \| \leqq \| \boldsymbol{x} \| + \| \boldsymbol{y} \|. \tag{6.10}$$

定義 6.3　ベクトルが**直交する**ことや，基底が**正規直交基底**であることを，内積の代わりにエルミート内積 $<\boldsymbol{x},\boldsymbol{y}>$ を使って，第 5 章と同様に定義する．

定義 6.4　W を有限次元の複素計量空間 V の複素ベクトル空間としての部分空間とするとき，**直交補空間**を

$$W^{\perp} = \{ \boldsymbol{x} \in V \mid \text{任意の}\, \boldsymbol{y} \in W \,\text{に対して}\, <\boldsymbol{x},\boldsymbol{y}> = 0 \} \tag{6.11}$$

で定義する．このとき，

$$W + W^{\perp} = V, \qquad W \cap W^{\perp} = \{\mathbf{0}\} \tag{6.12}$$

が成り立つ．

定義 6.5　複素正方行列 $A = (a_{ij}) \in M_m(\mathbb{C})$ は

$$\overline{{}^t A} = A \tag{6.13}$$

をみたすとき**エルミート行列**であるといい，複素正方行列 $U = (u_{ij}) \in M_m(\mathbb{C})$ は

$$\overline{{}^t U} \cdot U = E_m = U \cdot \overline{{}^t U} \tag{6.14}$$

をみたすとき**ユニタリー行列**であるという．

ユニタリー行列である条件は，（直交行列の場合と同様にして，）エルミート計量の保存 $< U\boldsymbol{x}, U\boldsymbol{y} > = < \boldsymbol{x}, \boldsymbol{y} >$ や，正規直交性の保存などを使って言い直すこともできる．ユニタリー行列の全体を $U(m)$ と表す．$U(m)$ は群をなし，**ユニタリー群**と呼ばれる．

注意 6.1　実数に成分を持つ行列は複素共役を取る写像で動かないから，対称行列はエルミート行列となり，直交行列はユニタリー行列となる．

例 6.1　$V = \mathbb{C}$ の基底 $(\boldsymbol{a}_1, \ldots, \boldsymbol{a}_m)$ があれば，シュミットの方法により正規直交基底を作ることができる．このことの応用として，$A \in M_m(\mathbb{C})$ を複素正方行列とすると，$A = UN$ とユニタリー行列 U と上半三角行列 N の積に書けることが分かる．□

対称行列を直交行列を使って対角化する議論を修正して繰り返すことにより，エルミート行列とユニタリー行列に対する次の定理を証明することができる：

定理 6.1　$A \in M_m(\mathbb{C})$ がエルミート行列なら，A の固有値はすべて実数であり，適当なユニタリー行列 U を取ると，$\overline{{}^t U} AU = U^{-1}AU$ を対

角行列にできる：

$$\overline{{}^tU}AU = U^{-1}AU = \begin{pmatrix} \alpha_1 & 0 & \cdots & 0 \\ 0 & \alpha_2 & \cdots & 0 \\ \vdots & \vdots & \cdots & \vdots \\ 0 & 0 & \cdots & \alpha_m \end{pmatrix} \quad (\alpha_1, \ldots, \alpha_m \in \mathbb{R}). \tag{6.15}$$

定義 6.6 複素正方行列 A が

$$\overline{{}^tA} \cdot A = A \cdot \overline{{}^tA}, \tag{6.16}$$

をみたすなら，A は**正規行列**であるという．

注意 6.2 A が正規行列であるための条件は，

$$(A + \overline{{}^tA}) \cdot (A - \overline{{}^tA}) = (A - \overline{{}^tA}) \cdot (A + \overline{{}^tA}) \tag{6.17}$$

とも書ける．

$A \in M_m(\mathbb{C})$ を m 次複素正方行列とする．そこで，ユニタリー行列 U と対角行列 D があり，

$$\overline{{}^tU}AU = D \tag{6.18}$$

となったとする．このとき，$A = UD\overline{{}^tU}$ かつ $\overline{{}^tA} = U\,\overline{{}^tD}\,\overline{{}^tU}$ となる．また，D は対角行列だから，$\overline{{}^tD}$ も対角行列となり，${}^t\overline{D}\,D = D\,{}^t\overline{D}$ となる．よって

$$\overline{{}^tA}\,A = U\,\overline{{}^tD}\,\overline{{}^tU}UD\,\overline{{}^tU} = U\,\overline{{}^tD}D\,\overline{{}^tU} = UD\,\overline{{}^tD}\,\overline{{}^tU} = UD\,\overline{{}^tU}U\,\overline{D}\,\overline{{}^tU} = A\,\overline{{}^tA}$$

となり，A は正規行列となる．

逆に，A が正規行列なら，

$$A_1 = \frac{A + \overline{{}^tA}}{2}, \qquad A_2 = \frac{A - \overline{{}^tA}}{2\sqrt{-1}} \tag{6.19}$$

とおくと，A_1 と A_2 はエルミート行列で，注意6.2より互いに可換 $A_1A_2 = A_2A_1$ となる．よって，定理5.7の証明と同様にして，A_1, A_2 はユニタリー行列を使って同時対角化できる：

$$ {}^t\overline{U}A_1U = U^{-1}A_1U = D_1, \quad {}^t\overline{U}A_2U = U^{-1}A_2U = D_2. \tag{6.20}$$

ここで D_1, D_2 は実対角行列である．$A = A_1 + iA_2$ であるから，次の定理が成り立つ：

定理 6.2　A を正規行列とすると，適当なユニタリー行列 U により対角化できる：

$$ {}^t\overline{U}AU = U^{-1}AU = \begin{pmatrix} \alpha_1 & 0 & 0 & \cdots & 0 \\ 0 & \alpha_2 & 0 & \cdots & 0 \\ 0 & 0 & \alpha_3 & \cdots & 0 \\ \vdots & \vdots & \vdots & \cdots & \vdots \\ 0 & 0 & 0 & \cdots & \alpha_m \end{pmatrix} \quad (\alpha_1, \ldots, \alpha_m \in \mathbb{C}). \tag{6.21}$$

逆に，ユニタリー行列で対角化できる行列は，正規行列である．

例 6.2　U がユニタリー行列なら，${}^t\overline{U} \cdot U = E_m = U \cdot {}^t\overline{U}$ であるから，U は正規行列となる．よってユニタリー行列 U' により，

$$ {}^t\overline{U'} \cdot U \cdot U' = \begin{pmatrix} \zeta_1 & 0 & 0 & \cdots & 0 \\ 0 & \zeta_2 & 0 & \cdots & 0 \\ 0 & 0 & \zeta_3 & \cdots & 0 \\ \vdots & \vdots & \vdots & \vdots & \vdots \\ 0 & 0 & 0 & \cdots & \zeta_m \end{pmatrix} \tag{6.22}$$

と書ける．ここで ${}^t\overline{U} \cdot U = E_m$ だから，

$$ {}^t\overline{({}^t\overline{U'} \cdot U \cdot U')} \cdot ({}^t\overline{U'} \cdot U \cdot U') = {}^t\overline{U'} \cdot {}^t\overline{U} \cdot U' \cdot {}^t\overline{U'} \cdot U \cdot U' = E_m $$

となる．よって，$\overline{\zeta_i}\zeta_i = |\zeta_i|^2 = 1 \ (i = 1, \ldots, m)$ となる．したがって，ユニタリー行列の固有値は，絶対値が1の複素数となる．□

演習問題

1 $a, b \in \mathbb{R}$ とするとき，次の行列の固有値は $a \pm b\sqrt{-1}$ となることを示せ．

$$A = \begin{pmatrix} a & b \\ -b & a \end{pmatrix}.$$

2 $a, b, c, d \in \mathbb{C}$ とする．このとき，

$$A = \begin{pmatrix} a & b \\ c & d \end{pmatrix}$$

がユニタリー行列となるための条件を求めよ．

3 $A \in GL_m(\mathbb{C})$ を m 次の可逆な行列とする．このとき，

(1) $H = \overline{{}^t A} \cdot A$ はエルミート行列であることを示せ．

(2) $\boldsymbol{x} \in \mathbb{C}^m$ に対し $H[\boldsymbol{x}] = \overline{{}^t \boldsymbol{x}} \cdot H \cdot \boldsymbol{x}$ とおく．$H[\boldsymbol{x}] \geqq 0$ であり，等号が成り立つのは $\boldsymbol{x} = \boldsymbol{0}$ のときに限ることを示せ．

（ヒント） $H[\boldsymbol{x}] = < A \cdot \boldsymbol{x}, A \cdot \boldsymbol{x} > = \overline{{}^t(A \cdot \boldsymbol{x})} \cdot (A \cdot \boldsymbol{x})$ である．

6.2 ジョルダンの標準形

命題 6.1 $V = \mathbb{C}^m$, $A = (a_{ij}) \in M_m(\mathbb{C})$ とする．このとき，f_A が上半三角行列で表される様な V の基底 $\{\boldsymbol{v}, \ldots, \boldsymbol{v}_m\}$ を取ることができる．

言い直すと，基底の変換を表す可逆行列 $P_1 \in GL(\mathbb{C})$ があり，

$$P_1^{-1} A P_1 = \begin{pmatrix} \alpha_1 & * & * & \cdots & * & * \\ 0 & \alpha_2 & * & \cdots & * & * \\ 0 & 0 & \alpha_3 & \cdots & * & * \\ \vdots & \vdots & \vdots & \cdots & \vdots & \vdots \\ 0 & 0 & 0 & \cdots & \alpha_{m-1} & * \\ 0 & 0 & 0 & \cdots & 0 & \alpha_m \end{pmatrix} \tag{6.23}$$

と書ける．

証明# m に関する帰納法で命題を証明する．

$m=1$ なら命題は自明である．よって，命題の主張は $m-1$ のときに成り立つとする．

V と A を命題の通りとし，$f(t;A)=\det(tE_m-A)$ を A の固有多項式とする．複素数体 $\mathbb{C}$ は代数的閉体だから，固有方程式 $F(t;A)=0$ は解 $\alpha_1\in\mathbb{C}$ を持つ．このとき，$\det(\alpha_1E_m-A)=0$ となるから，$(\alpha E_m-A)\boldsymbol{v}_1=\boldsymbol{0}$ となる解 $\boldsymbol{v}_1\in\mathbb{C}^m, \boldsymbol{v}_1\neq\boldsymbol{0}$ が存在する．この式は $A\boldsymbol{v}_1=\alpha_1\boldsymbol{v}_1$ と書け，$\boldsymbol{v}_1\in V$ は固有値 α_1 に対する固有ベクトルとなる．ここで $\{\boldsymbol{v}_1\}$ を V の基底 $\{\boldsymbol{v}_1,\ldots,\boldsymbol{v}_m\}$ に拡張し，標準基底からこの基底への基底の変換を表す行列を P' とすると，A が引き起こす線形写像 f_A は，

$$P'^{-1}AP'=\begin{pmatrix}\alpha_1 & * \\ 0 & A_2\end{pmatrix}$$

と表される．ここで帰納法の仮定より，適当な $P''\in GL_{m-1}(\mathbb{C})$ を取り，$P''^{-1}A_2P''$ を $m-1$ 次の上半三角行列にする．このとき，

$$P_1=P'\cdot\begin{pmatrix}1 & 0 \\ 0 & P''\end{pmatrix}$$

とおくと，$P_1^{-1}AP_1$ は命題の形となる． （証明終り）

例 6.3

$$A=\begin{pmatrix}a & b \\ c & d\end{pmatrix}$$

$(a,b,c,d\in\mathbb{C})$ とする．このとき，A の固有ベクトル $\boldsymbol{v}_1$ をとり，$\boldsymbol{v}_1$ と一次独立なベクトル $\boldsymbol{v}_2$ を取り，標準的基底を新しい基底 $\{\boldsymbol{v}_1,\boldsymbol{v}_2\}$ に変換する行列を P とすると，

$$A'=P^{-1}\cdot A\cdot P=\begin{pmatrix}\lambda_1 & \mu \\ 0 & \lambda_2\end{pmatrix}$$

の形となる（命題 6.1）．ここで，

$$E(e)=\begin{pmatrix}1 & e \\ 0 & 1\end{pmatrix}\quad(e\in\mathbb{C}),\qquad L(\ell)=\begin{pmatrix}\ell & 0 \\ 0 & \ell^{-1}\end{pmatrix}\quad(\ell\in\mathbb{C},\ell\neq 0)$$

とおく．このとき，$E(e)^{-1} \cdot A' \cdot E(e)$ は

$$\begin{pmatrix} 1 & -e \\ 0 & 1 \end{pmatrix} \cdot A' \cdot \begin{pmatrix} 1 & e \\ 0 & 1 \end{pmatrix} = \begin{pmatrix} \lambda_1 & \mu + (\lambda_1 - \lambda_2) \cdot e \\ 0 & \lambda_2 \end{pmatrix}$$

となる．よって，$\lambda_1 \neq \lambda_2$ なら，e を $\mu + (\lambda_1 - \lambda_2) \cdot e = 0$ をみたす様に取ると，$E(e)^{-1} \cdot A' \cdot E(e)$ は対角行列になる．

$\lambda_1 = \lambda_2 = \lambda, \mu = 0$ なら，$A' = \lambda \cdot E_2$ となる．

$\lambda_1 = \lambda_2 = \lambda, \mu \neq 0$ なら，$L(\sqrt{\mu})^{-1} \cdot A \cdot L(\sqrt{\mu})$ は

$$\begin{pmatrix} \sqrt{\mu}^{-1} & 0 \\ 0 & \sqrt{\mu} \end{pmatrix} \cdot \begin{pmatrix} \lambda & \mu \\ 0 & \lambda \end{pmatrix} \cdot \begin{pmatrix} \sqrt{\mu} & 0 \\ 0 & \sqrt{\mu}^{-1} \end{pmatrix} = \begin{pmatrix} \lambda & 1 \\ 0 & \lambda \end{pmatrix}$$

となる． □

命題 6.1 で得られた行列に初等行列による基本変形を行うことにより，同じ α に対するものは集めることができる．よって，適当な基底の変換を表す可逆行列 $P_2 \in GL(\mathbb{C})$ があり，

$$P_2^{-1} A P_2 = \begin{pmatrix} A_1 & * & \cdots & * & * \\ 0 & A_2 & \cdots & * & * \\ \vdots & \vdots & \cdots & \vdots & \vdots \\ 0 & 0 & \cdots & A_{\ell-1} & * \\ 0 & 0 & \cdots & 0 & A_\ell \end{pmatrix},$$

$$A_i = \begin{pmatrix} \alpha_i & * & \cdots & * & * \\ 0 & \alpha_i & \cdots & * & * \\ \vdots & \vdots & \cdots & \vdots & \vdots \\ 0 & 0 & \cdots & \alpha_i & * \\ 0 & 0 & \cdots & 0 & \alpha_i \end{pmatrix} \in M_{m_i}(\mathbb{C})$$

($\alpha_1, \alpha_2, \ldots, \alpha_\ell$ はすべて相異なる)

の形に変形できる．ここで $\alpha_i \neq \alpha_j$ $(i \neq j)$ であるから，必要なら

$$
Q = \begin{pmatrix}
E_{m_1} & * & \cdots & * & * \\
0 & E_{m_2} & \cdot & * & * \\
\vdots & \vdots & \cdots & \vdots & \\
0 & 0 & \cdots & E_{m_{\ell-1}} & * \\
0 & 0 & \cdots & 0 & E_{m_\ell}
\end{pmatrix}
$$

の形の適当な行列 Q を使い $P_2^{-1}AP_2$ を $Q^{-1}P_2^{-1}AP_2Q$ で置き換えることにより，上記の $P_2^{-1}AP_2$ において

$$
P_2^{-1}AP_2 = \begin{pmatrix}
A_1 & 0 & \cdots & 0 & 0 \\
0 & A_2 & \cdot & 0 & 0 \\
\vdots & \vdots & \cdots & \vdots & \\
0 & 0 & \cdots & A_{\ell-1} & 0 \\
0 & 0 & \cdots & 0 & A_\ell
\end{pmatrix}
$$

とできる．

ここで，$V = \mathbb{C}^m = \mathbb{C}^{m_1} \oplus \mathbb{C}^{m_2} \oplus + \cdots \oplus \mathbb{C}^{m_\ell}$ であるが，

$$
A_i = \begin{pmatrix}
\alpha_i & * & \cdots & * & * \\
0 & \alpha_i & \cdots & * & * \\
\vdots & \vdots & \cdots & \vdots & \vdots \\
0 & 0 & \cdots & \alpha_i & * \\
0 & 0 & \cdots & 0 & \alpha_i
\end{pmatrix} = S_{m_i} + N_{m_i}, \tag{6.24}
$$

$$
S_i = \alpha_i E_{m_i}, \qquad N_i = \begin{pmatrix}
0 & * & \cdots & * & * \\
0 & 0 & \cdots & * & * \\
\vdots & \vdots & \cdots & \vdots & \vdots \\
0 & 0 & \cdots & 0 & * \\
0 & 0 & \cdots & 0 & 0
\end{pmatrix} \tag{6.25}
$$

とおく．このとき，S_{m_i} と N_{m_i} は互いに可換で，$(N_i)^{m_i} = 0_{m_i}$ となる．

定義 6.7　複素数 $\alpha \in \mathbb{C}$ と正整数 n に対し，

$$J(\alpha, n) = \begin{pmatrix} \alpha & 1 & 0 & \cdots & 0 & 0 \\ 0 & \alpha & 1 & \cdots & 0 & 0 \\ 0 & 0 & \alpha & \cdots & 0 & 0 \\ \vdots & \vdots & \vdots & \cdots & \vdots & \vdots \\ 0 & 0 & 0 & \cdots & \alpha & 1 \\ 0 & 0 & 0 & \cdots & 0 & \alpha \end{pmatrix} \in M_n(\mathbb{C}) \qquad (6.26)$$

とおき，**ジョルダン細胞**と呼ぶ．

例 6.4　$\mathbb{C}^n$ の標準的基底を $\{\boldsymbol{e}_1, \cdots, \boldsymbol{e}_i, \cdots, \boldsymbol{e}_n\}$ とする．このとき，

$$J(\alpha, n) \cdot \boldsymbol{e}_1 = \alpha \cdot \boldsymbol{e}_1,$$
$$J(\alpha, n) \cdot \boldsymbol{e}_i = \alpha \cdot \boldsymbol{e}_i + \boldsymbol{e}_{i-1} \qquad (1 < i \leqq n)$$

である．とくに，$1 \leqq j < n$ のとき $J(0, n)^j \cdot \boldsymbol{e}_n = \boldsymbol{e}_{n-j}$ であり，$\mathrm{rank}\, J(0, n) = \dim(\mathrm{Im}(J(0, n))) = \dim < \boldsymbol{e}_1, \cdots, \boldsymbol{e}_{n-1} >_{\mathbb{C}} = n - 1$ である．同様に，$\alpha \neq 0$ なら $\mathrm{rank}\, J(\alpha, n) = \dim < \boldsymbol{e}_1, \boldsymbol{e}_2, \cdots, \boldsymbol{e}_n >_{\mathbb{C}} = n$ である．□

この節の主定理は次の定理である．

定理 6.3　$A \in M_m(\mathbb{C})$ を m 次複素正方行列とする．このとき，A の固有値 $\alpha_1, \ldots, \alpha_s$，$n_1 + \cdots + n_s = m$ をみたす正整数 $n_1, \ldots, n_s$，及び適当な可逆行列 $P \in GL_m(\mathbb{C})$ で，

$$P^{-1}AP = \begin{pmatrix} J(\alpha_1, n_1) & 0 & \cdots & 0 & 0 \\ 0 & J(\alpha_2, n_2) & \cdots & 0 & 0 \\ \vdots & \vdots & \cdots & \vdots & \vdots \\ 0 & 0 & \cdots & J(\alpha_{s-1}, n_{s-1}) & 0 \\ 0 & 0 & \cdots & 0 & J(\alpha_s, n_s) \end{pmatrix} \qquad (6.27)$$

をみたすものが取れる．

定義 6.8 定理の式の右辺の形の行列は，**ジョルダンの標準形**と呼ばれる．

注意 6.3 ジョルダンの標準形は，ブロックの入れ替えの差を除いて，一意的であることがわかる．

定理の証明方針# 定理の前に書いたことより，A が上半三角行列で，対角部分がすべてある数 $\alpha \in \mathbb{C}$ のときに証明すればよい．この場合には，対角部分が αE_m になりすべての行列と可換になるから，基底を取り替えても変わらない．よって，残りの部分 N について定理が成り立てばよい．よって，$A = N$, $N^m = 0_m$ の形の場合に定理を証明する．

$A^m = 0_m$ であるとし，$\nu = 1, 2, 3, \ldots, m$ に対し

$$V^{(\nu)}(A) = \{\boldsymbol{v} \in V \mid A^\nu \boldsymbol{v} = \boldsymbol{0}\} \tag{6.28}$$

とおき，

$$V^{(\nu-1)}(A),\ AV^{(\nu+1)}(A) \subseteq V^{(\nu)}(A)$$

に注意し，各 ν と $\boldsymbol{v} \in V^{(\nu)}$, $\boldsymbol{v} \notin V^{(\nu-1)} + AV^{(\nu+1)}$ に対し

$$\boldsymbol{v},\ A\boldsymbol{v},\ A^2\boldsymbol{v},\ \cdots,\ A^{\nu-2}\boldsymbol{v},\ A^{\nu-1}\boldsymbol{v} \tag{6.29}$$

の形の元を並べて V の基底が得られることを示す．

この様な $\boldsymbol{v}, A\boldsymbol{v}, \cdots, A^{\nu-1}\boldsymbol{v}$ に関しては，A は

$$J(0,\nu) = \begin{pmatrix} 0 & 1 & 0 & \cdots & 0 & 0 \\ 0 & 0 & 1 & \cdots & 0 & 0 \\ 0 & 0 & 0 & \cdot & 0 & 0 \\ \vdots & \vdots & \vdots & \cdots & \vdots & \vdots \\ 0 & 0 & 0 & \cdots & 0 & 1 \\ 0 & 0 & 0 & \cdots & 0 & 0 \end{pmatrix}$$

の形の行列で表現できる． **（証明方針終り）**

注意 6.4 定理の記号を使うと，

$$\begin{aligned} f(x;A) &= f(x;P^{-1}AP) \\ &= \prod_{i=1}^{s} \det\left(xE_{n_i} - J(\alpha_i, n_i)\right) = \prod_{i=1}^{s} (x-\alpha_i)^{n_i} \end{aligned} \tag{6.30}$$

となる．

定理 6.4

$$f(x;A) = \det(xE_m - A) = x^m + c_1x^{m-1} + c_{m-1}x + c_m$$

を m 次複素正方行列 $A \in M_m(\mathbb{C})$ の固有多項式とする．このとき，

$$f(A;A) = A^m + c_1A^{m-1} + \cdots + c_{m-1}A + c_mE_m = 0_m$$

となる．つまり，A は A の固有方程式 $f(x;A) = 0$ の解となる（ハミルトン − ケイレイ）．

【証明】 $f(A;A) = f(A;P^{-1}AP) = P \cdot f(P^{-1}AP;P^{-1}AP) \cdot P^{-1}$ であるから，$f(P^{-1}AP;P^{-1}AP) = 0_m$ を示せばよい．したがって，定理より，A がジョルダン細胞 $J(\alpha, m_i)$ の和

$$A = \begin{pmatrix} J(\alpha_1, n_1) & 0 & \cdots & 0 \\ 0 & J(\alpha_2, n_2) & \cdots & 0 \\ \vdots & \vdots & \cdots & \vdots \\ 0 & 0 & \cdots & J(\alpha_s, n_s) \end{pmatrix}$$

と書けるとしてよい．

このとき，$f(x;A) = \prod_{i=1}^{s}(x - \alpha_i)^{n_i}$ であるから，$f(A;A) = \prod_{i=1}^{s}(A - \alpha_iE_m)^{n_i}$ となる．ところが，$(J(\alpha_j, n_j) - \alpha_jE_{n_j})^{n_j} = 0_{n_j}$ であるから，$f(A;A)$ の j 番目の対角部にあるブロックは

$$\prod_{i=1}^{s}(J(\alpha_j, n_j) - \alpha_iE_{n_j})^{n_j} = 0_{n_j}$$

となる．よって $f(A;A)$ の対角部にあるブロックがすべての消え，$f(A;A) = 0_m$ となる． （証明終り）

例 6.5 $m = 2$ とし，

$$A = \begin{pmatrix} a & b \\ c & d \end{pmatrix}$$

$(a, b, c, d \in \mathbb{C})$ とする．このとき，

$$f(x; A) = \det(xE_2 - A) = \begin{vmatrix} x-a & -b \\ -c & x-d \end{vmatrix} = x^2 - (a+d)\cdot x + (ad - bc)$$

である．よって，

$$f(A; A) = \begin{pmatrix} a & b \\ c & d \end{pmatrix} \cdot \begin{pmatrix} a & b \\ c & d \end{pmatrix} - (a+d)\cdot \begin{pmatrix} a & b \\ c & d \end{pmatrix} + (ad-bc)\cdot E_2$$

$$= \begin{pmatrix} a^2+bc & ab+bd \\ ac+cd & bc+d^2 \end{pmatrix} - (a+d)\cdot \begin{pmatrix} a & b \\ c & d \end{pmatrix} + \begin{pmatrix} ad-bc & 0 \\ 0 & ad-bc \end{pmatrix}$$

となり，$f(A; A)$ は零行列 0_2 となる． □

演習問題

1　次の行列の固有多項式とジョルダンの標準形を求めよ．

$$A = \begin{pmatrix} -1 & 1 & 0 \\ 1 & -1 & 1 \\ 0 & 1 & -1 \end{pmatrix},\ B = \begin{pmatrix} -1 & 1 & 0 & 0 \\ 1 & -1 & 0 & 0 \\ 0 & 0 & -1 & 1 \\ 0 & 0 & 1 & -1 \end{pmatrix},\ C = \begin{pmatrix} 1 & 1 & 1 \\ 1 & 1 & 1 \\ 1 & 1 & 1 \end{pmatrix}.$$

2　$J(0, m) \in M_m(\mathbb{C})$ を本文の通りとする．このとき，次の問いに答えよ．

(1)

$$J(0,4)^2 = \begin{pmatrix} 0 & 0 & 1 & 0 \\ 0 & 0 & 0 & 1 \\ 0 & 0 & 0 & 0 \\ 0 & 0 & 0 & 0 \end{pmatrix}, \qquad J(0,4)^3 = \begin{pmatrix} 0 & 0 & 0 & 1 \\ 0 & 0 & 0 & 0 \\ 0 & 0 & 0 & 0 \\ 0 & 0 & 0 & 0 \end{pmatrix},$$

$J(0,4)^4 = 0_4$ となることを示せ．

(2)　$A \in M_3(\mathbb{C})$ の固有値がすべて 0 であるとする．このとき，A のジョルダンの標準形が $J(0,3)$ となるための必要十分条件は，$A^2 \neq 0_3$ であることを示せ．また，$A \neq 0_m$, $A^2 = 0_3$ となるなら，ジョルダンの標準形は $J(0,2) \oplus (0)$ であることを示せ．

(3)　$B \in M_4(\mathbb{C})$ の固有値がすべて 0 であるとする．このとき B のジョルダンの標準形は，$J(0,4)$, $J(0,3) \oplus (0)$, $J(0,2) \oplus J(0,2)$, $J(0,2) \oplus (0) \oplus (0)$, $(0) \oplus (0) \oplus (0) \oplus (0)$ のどれかになることを示せ．また $B \neq 0_4$, $B^2 = 0_4$ のとき，どうすれば B のジョルダンの標準形はどれになるかを確かめられるかを述べよ．

3　α を複素数とし，

$$J(\alpha, m) = \begin{pmatrix} \alpha & 1 & 0 & \cdots & 0 & 0 \\ 0 & \alpha & 1 & \cdots & 0 & 0 \\ 0 & 0 & \alpha & \cdots & 0 & 0 \\ \vdots & \vdots & \vdots & \cdots & \vdots & \vdots \\ 0 & 0 & 0 & \cdots & \alpha & 1 \\ 0 & 0 & 0 & \cdots & 0 & \alpha \end{pmatrix} \in M_m(\mathbb{C})$$

とする．

(1)　$J(\alpha, m)^n \ (n = 1, 2, 3, \cdots)$ を計算せよ．

(2)　$f(x) \in \mathbb{C}[x]$ を x の多項式，$f^{(i)}(x)$ を $f(x)$ の i 階微分とする．このとき，

$$f(J(\alpha, m)) = \begin{pmatrix} f(\alpha) & \frac{f^{(1)}(\alpha)}{1!} & \frac{f^{(2)}(\alpha)}{2!} & \cdots & \frac{f^{(n-2)}(\alpha)}{(n-2)!} & \frac{f^{(n-1)}(\alpha)}{(n-1)!} \\ 0 & f(\alpha) & \frac{f^{(1)}(\alpha)}{1!} & \cdots & \frac{f^{(n-3)}(\alpha)}{(n-3)!} & \frac{f^{(n-2)}(\alpha)}{(n-2)!} \\ 0 & 0 & f(\alpha) & \cdots & \frac{f^{(n-4)}(\alpha)}{(n-4)!} & \frac{f^{(n-3)}(\alpha)}{(n-3)!} \\ \vdots & \vdots & \vdots & \cdots & \vdots & \vdots \\ 0 & 0 & 0 & \cdots & f(\alpha) & \frac{f^{(1)}(\alpha)}{1!} \\ 0 & 0 & 0 & \cdots & 0 & f(\alpha) \end{pmatrix}$$

であることを示せ．

4　$X \in M_m(\mathbb{C})$ とする．ジョルダンの標準形を使って次を示せ．

(1)　行列の指数関数

$$\exp(X) = E_m + \frac{X}{1} + \frac{X^2}{2!} + \frac{X^3}{3!} + \cdots + \frac{X^n}{n!} + \cdots \qquad (6.31)$$

が収束し，写像 $\exp : M_m(\mathbb{C}) \longrightarrow M_m(\mathbb{C})$ が定義できることを示せ．

(2)　X, Y が 可換（$X \cdot Y = Y \cdot X$）となるなら，

$$\exp(X + Y) = \exp(X) \cdot \exp(Y) \qquad (6.32)$$

が成り立つことを示せ．

(3)　$\exp(X)$ は可逆行列であることを示せ．

(4)　行列の対数関数

$$\log(E_m + X) = X - \frac{X^2}{2} + \frac{X^3}{3} + \cdots + (-1)^{n-1}\frac{X^n}{n} + \cdots \qquad (6.33)$$

はいつ収束するかを求めよ．

演習問題の略解

第1章

1.1節 詳しいヒントがあるので省略する.

1.2節 1 (A1)-(A4) を充たすことを示す.

角度 θ_1 を行った後に角度 θ_2 の回転を行うと，角度 $\theta_1+\theta_2$ の回転を行ったものとなる．ところが，$\theta_1+\theta_2=\theta_2+\theta_1$ が成り立つから，これは角度 θ_2 の回転を行った後に角度 θ_2 の回転を行ったものに等しい．よって (A4) が成り立つ．角度 $\theta_1+\theta_2$ を回転した後角度 θ_3 の回転を行うと，角度 $\theta_1+\theta_2+\theta_3$ の回転となる．これは，角度 θ_1 の回転の後に角度 $\theta_2+\theta_3$ の回転を行ったものと一致する．よって (A1) が成り立つ．角度 0 の回転を零元とすれば (A2) が成り立ち，角度 $-\theta$ の回転を角度 θ の回転の逆元とすれば (A3) が成り立つ.

2 (1), (3), (5) は計算により容易に示せる．(2) は演習 1 と同様に行えばよい．(4) は (R2), (R3), (R4) を示せばよい．(6) は (R5) が成り立つことは明らかだから，(5) を使って $(a+bi)^{-1}=(a-bi)/(a^2+b^2)$ とおけばよい.

1.3節 1

$$A^2=\begin{pmatrix}-1 & 0\\ 0 & -1\end{pmatrix},\ A^4=\begin{pmatrix}1 & 0\\ 0 & 1\end{pmatrix},$$

$$AB=\begin{pmatrix}c & d\\ -a & -b\end{pmatrix},\ BA=\begin{pmatrix}-b & a\\ -d & c\end{pmatrix},$$

$$C^2=\begin{pmatrix}0&0&1&0\\0&0&0&1\\0&0&0&0\\0&0&0&0\end{pmatrix},\ C^3=\begin{pmatrix}0&0&0&1\\0&0&0&0\\0&0&0&0\\0&0&0&0\end{pmatrix},\ C^4=\begin{pmatrix}0&0&0&0\\0&0&0&0\\0&0&0&0\\0&0&0&0\end{pmatrix}.$$

2 A^2-B^2,

$$(A+B)\cdot(A-B)=A^2-A\cdot B+B\cdot A-B^2,\ (A-B)\cdot(A+B)=A^2+A\cdot B-B\cdot A-B^2$$

の 2 つが一致するための必要十分条件は，$A\cdot B=B\cdot A$ が成り立つことである.

3 いずれも

$$\sum_{i=1}^{m}\sum_{j=1}^{n}a_{hi}b_{ij}c_{jk}$$

に等しい.

4 $E+Y=E+(E-X)/(E+X)=2E/(E+X)$ の逆元は $(E+X)/2E$ で, $E+X=2E/(E+Y)$ より, $X=-E+2E/(E+Y)=(E-Y)/(E+Y)$ となる.

5

$$[[A,B],C]=[A,B]\cdot C-C\cdot[A,B]$$

$$=(A\cdot B-B\cdot A)\cdot C-C\cdot(A\cdot B-B\cdot A)=ABC-BAC-CAB+CBA$$

である. よって

$$[[A,B],C]+[[B,C],A]+[[C,A],B]=ABC-BAC-CAB+CBA+$$

$$BCA-CBA-ABC+ACB+CAB-ACB-BCA+BAC=0.$$

6 (1)

$$\parallel A+B\parallel=\mathrm{Max}_{i,j}|a_{ij}+b_{ij}|\leqq\mathrm{Max}_{i,j}|a_{ij}|+\mathrm{Max}_{i,j}|b_{ij}|=\parallel A\parallel+\parallel B\parallel.$$

$$\parallel A\cdot B\parallel=\mathrm{Max}_{i,k}\left|\sum_{j=1}^{m}a_{ij}b_{jk}\right|\leqq m\cdot\mathrm{Max}_{i,j}|a_{ij}|\cdot\mathrm{Max}_{i,j}|b_{ij}|=m\parallel A\parallel\cdot\parallel B\parallel.$$

(2) は (1) を使うと,

$$\left\|\frac{X^n}{n!}\right\|\leqq\frac{(m\parallel X\parallel)^n}{n!}$$

となる. この右辺は, 普通の指数関数の $x=m\parallel X\parallel$ でのべき級数展開に出てくるものであり, それらが作る級数は収束する. $\parallel(a_{ij})\parallel<\varepsilon$ はすべての i,j の組に対して $|a_{ij}|<\varepsilon$ を意味することに注意する

第2章

2.1節 1 ヒントがあるので省略する.

2.3節 1 答えは, -2, 5, 0, 77, 96 である.

2, 3 はヒントがあるので省略.

4 題意より $i\neq j$ なら $(x_i,y_i)\neq(x_j,y_j)$ であり, 演習 3 により,

$$\begin{vmatrix}1&1&1&1\\x_1&x_2&x_3&x_4\\x_1^2&x_2^2&x_3^2&x_4^2\\x_1^3&x_2^3&x_3^3&x_4^3\end{vmatrix}\neq 0$$

となる. よって次の連立方程式をみたす a_0,a_1,a_2,a_3 が存在する：

$$\begin{cases} y_1 = a_0 + a_1x_1 + a_2x_1^2 + a_3x_1^3 \\ y_2 = a_0 + a_1x_2 + a_2x_2^2 + a_3x_2^3 \\ y_2 = a_0 + a_1x_3 + a_2x_3^2 + a_3x_3^3 \\ y_4 = a_0 + a_1x_4 + a_2x_4^2 + a_3x_4^3 \end{cases}$$

5 ヒントがあるので省略する．

第3章

3.1節 1 答えは，2, 1, −1 である．

2 答えは，1, 1, 1, 1 である．

3.3節 1 答えは，$x = 2$, $y = 1$, $z = -1$ である．

2 答えは，$x = y = z = w = 1$ である．

3 答えは，$x = -4t$, $y = t$, $z = -2t$, $w = t$（t は任意）となる．

4 答えは，

$$\begin{pmatrix} -1 & \frac{1}{5} & \frac{-2}{5} \\ \frac{1}{2} & 0 & \frac{1}{2} \\ 0 & \frac{1}{5} & \frac{-2}{5} \end{pmatrix}, \qquad \begin{pmatrix} -3 & -4 & 6 & 5 \\ 1 & 1 & -2 & -1 \\ -2 & -2 & 4 & 3 \\ 1 & 1 & -1 & -1 \end{pmatrix}.$$

第4章

4.1節 1

$$a\boldsymbol{v}_1 + b\boldsymbol{v}_2 + c\boldsymbol{v}_3 = (a+c)\boldsymbol{e}_1 + (-b+c)\boldsymbol{e}_2 + (-a+b+c)\boldsymbol{e}_2$$

である．ここで $a+c = -b+c = -a+b+c = 0$ とすると，$b = c = -a$, $-a-a-a = -3a = 0$ となり，$a = b = c = 0$ となる．よって $\boldsymbol{v}_1, \boldsymbol{v}_2, \boldsymbol{v}_3$ は一次独立であり，

$$(\boldsymbol{v}_1, \boldsymbol{v}_2, \boldsymbol{v}_3) = \begin{pmatrix} 1 & 0 & 1 \\ 0 & -1 & 1 \\ -1 & 1 & 1 \end{pmatrix} \cdot (\boldsymbol{e}_1, \boldsymbol{e}_2, \boldsymbol{e}_3).$$

2 (1) W_1, W_2 を張る 2 つのベクトルの組 $\boldsymbol{v}_1, \boldsymbol{v}_2$ と $\boldsymbol{v}_3, \boldsymbol{v}_1 + \boldsymbol{v}_2$ が，どちらも 1 次独立であることを言えばよい．

(2) (1) より，$W_1 + W_2 = V$ であり，$W_1 \cap W_2$ は $\boldsymbol{v}_1 + \boldsymbol{v}_2$ が張る 1 次元空間である．

3 (1) はベクトル空間の定義 (V1)-(V3) を確かめればよい．

(2) $f(x) = f(-x)$ なら，$f(x)$ は偶数次の項のみからなるから，x^2 の多項式となる．同様に，$f(-x) = -f(x)$ なら $f(x)$ は奇数次の項のみからなるから，x と偶数次の項のみからなる多項式の積となる．

(3) 任意の多項式は，偶数次の項のみからなる多項式と奇数次の項のみからなる多項式の和となるから，$V = W(1) \oplus W(-1)$ となる．

4.2 節 1 定義 4.7 の (L) が成り立つことを確かめればよい．

2 $|1 + (-1)| = |0| = 0 \neq 2 = |1| + |-1|$.

3 (1), (3) はベクトル空間の定義 (V1)-(V3) と線形写像の定義 (L) を確かめる．

(2) は $xf(x) = 0$ なら $f(x) = 0$ だから 1 対 1 であるが，定数 1 は像に属さない．

(4) は $\mathrm{Ker}(D) = \mathbb{R}$, $f \in \mathbb{R}[x]$ の原始関数を $F(x) \in \mathbb{R}[x]$ とすると，$DF(x) = f(x)$ となるから，D は上への写像だが，1 対 1 ではない．

4 (1) $\boldsymbol{v}_1 + W = \boldsymbol{v}_2 + W$ なら $\boldsymbol{v}_1 \in \boldsymbol{v}_1 + W = \boldsymbol{v}_2 + W$ となるから，$\boldsymbol{w} \in W$ で $\boldsymbol{v}_1 = \boldsymbol{v}_2 + \boldsymbol{w}$ となるものが存在する．したがって，$\boldsymbol{v}_1 - \boldsymbol{v}_2 = \boldsymbol{w} \in W$ となる．

(2)（ヒント）に書いたことを示せばよい．

(3) ベクトル空間の定義 (V1)-(V3) を確かめる．

5 (1) はベクトル空間の定義 (V1)-(V3) を確かめる．

(2) は線形写像の定義 (L) を確かめる．

(3) は，任意の V^* の元（V から $\mathbb{R}$ への線形写像）が，$\boldsymbol{v}_1^*, \cdots, \boldsymbol{v}_m^*$ の一時結合として一意的に書けることを示す．

(4) は，$\boldsymbol{v}^{**}$ が V^* から $\mathbb{R}$ への線形写像であり，1 対 1 であることを示せば，$\dim(V) = \dim V^{**}$ だから上への写像となる．

4.3 節 1, 2の答えは，

$$\begin{pmatrix} 1 & 0 & 0 \\ -1 & 0 & 0 \end{pmatrix}, \qquad \begin{pmatrix} 0 & 0 & 0 & 0 \\ 3 & 0 & 0 & 0 \\ 0 & 2 & 0 & 0 \\ 0 & 0 & 1 & 0 \end{pmatrix}.$$

3 $\mathrm{Ker}(f_A) = \{{}^t(x, y) \mid x = y\}$, $\mathrm{Im}(f_A) = \{{}^t(u, v) \mid u + v = 0\}$, $\mathrm{Ker}(f_B) = \{{}^t(x, y, z) \mid x + 2y + 3z = 0,\ 3x + 4y + 5z = 0\} = < {}^t(-1, 2, -1) >_{\mathbb{R}}$, $\mathrm{Im}(f_B) = < {}^t(1, 2, 3), {}^t(3, 4, 5) >_{\mathbb{R}} = \{{}^t(u, v, w) \mid u - 2v + w = 0\}$.

4.4 節 詳しいヒントがあるので省略する．

4.5 節 1 1 つ目は，第 1 式の 2 倍と第 2 式をたすと $5x - 5y - z = 4$ となる

から，x,y を任意とし，$z=5x-5y-4$，$w=2x-y-3/2$ となる．2 つ目は，$y=4x$，$z=-5x$ で x が任意となる．

2 (1) は容易に確かめられる．(2) は $W(1)$ は偶数次の多項式の全体，$W(-1)$ は奇数次の多項式の全体となることを使えばよい．(3) は，次数が 4 で割って $0,1,2,3$ 余る多項式の全体が作る 4 つのベクトル空間が出てくる．

第5章

5.1 節 1 (1) は

$$\frac{1}{\sqrt{2}}\begin{pmatrix}1\\1\\0\end{pmatrix},\ \begin{pmatrix}0\\0\\-1\end{pmatrix},\ \frac{1}{\sqrt{2}}\begin{pmatrix}1\\-1\\0\end{pmatrix}$$

となる．(2) は (1) より次の様になることから導く．

$$\begin{pmatrix}1&1&0\\1&1&-1\\0&-1&1\end{pmatrix}\cdot\begin{pmatrix}1/\sqrt{2}&-1&-\sqrt{2}/2\\0&1&\sqrt{2}\\0&0&\sqrt{2}\end{pmatrix}=\begin{pmatrix}1/\sqrt{2}&0&\sqrt{2}\\1/\sqrt{2}&0&-1/\sqrt{2}\\0&-1&0\end{pmatrix}.$$

2 集合の等式 $A=B$ を示すには，$A\subseteq B$ と $A\supseteq B$ の 2 つを示す．

例えば，$\boldsymbol{w}\in W$ なら，任意の $W^{\perp}$ の任意の元と直交するから，$\boldsymbol{w}\in(W^{\perp})^{\perp}$ となり，$W\subseteq(W^{\perp})^{\perp}$．逆に，$\boldsymbol{v}\in(W^{\perp})^{\perp}$ なら，(5.25) より，$\boldsymbol{v}=\boldsymbol{v}_1+\boldsymbol{v}_2$，$\boldsymbol{v}_1\in W$，$\boldsymbol{v}_2\in W^{\perp}$ とおく，$\boldsymbol{v}$ は任意の $W^{\perp}$ の元と直交するから，特に $\boldsymbol{v}_2$ とも直交する．ところが $\boldsymbol{v}_1$ と $\boldsymbol{v}_2$ は直交するから，$\boldsymbol{v}_2$ は $\boldsymbol{v}_2$ と直交し，$\boldsymbol{v}_2=\mathbf{0}$ となる．よって，$\boldsymbol{v}=\boldsymbol{v}_1\in W$ となり，$(W^{\perp})^{\perp}\subseteq W$ となる．以上で $(W^{\perp})^{\perp}=W$ が示せた．

5.2 節 1 固有方程式は $t^2-5t-6=(t+1)(t-6)$ だから，固有値は $-1,6$ である．固有値 -1 に対する固有ベクトルと，固有値 6 に対する固有ベクトルは，各々，次の様になる．

$$\begin{pmatrix}1\\-1\end{pmatrix},\ \begin{pmatrix}3\\-4\end{pmatrix}.$$

2 固有方程式は，$x^3-3x^2+x+1=(x-1)(x^2-2x-1)$，固有値は $1,1\pm\sqrt{2}$ であり，固有ベクトルは次の様になる．

$$\begin{pmatrix}1\\0\\1\end{pmatrix},\ \begin{pmatrix}1\\\pm\sqrt{2}\\-1\end{pmatrix}.$$

3 固有値 -1 と 8 に対する固有ベクトルは

$$\begin{pmatrix} x \\ -2x-2z \\ z \end{pmatrix} \ (x, z \text{ は任意}), \qquad \begin{pmatrix} 2y \\ y \\ 2y \end{pmatrix} \ (y \text{ は任意})$$

である．

4　固有値は，a, b, c であるが，$b \neq c$ のとき，$b = c$, $d = 0$ のとき，$b = c$, $d \neq 0$ のときに分けて考える．$b = c$, $d \neq 0$ のときには，固有ベクトルは全部で 2 つしかない．

5.3 節　1　固有多項式は，$t^4 - 8t^3 + 21t - 20t + 5 = (t^2 - 5t + 5)(t^2 - 3t + 1)$ であり，${}^tTAT$ はこれらを固有値に持つ対角行列である．

2　$x^2 + y^2 = 5$ の整数解は，$(\pm 1)^2 + (\pm 2)^2 = 5$, $x^2 + y^2 = 13$ の整数解は，$(\pm 2)^2 + (\pm 3)^2 = 13$. $x^2 + y^2 = 3$ または 107 を考える．奇数 $2m + 1$ の 2 乗は，$4m^2 + 4m + 1$ であり，4 で割って 1 余る．偶数 $2m$ の 2 乗は，$4m^2$ であり，4 で割り切れる．よって $x^2 + y^2$ は 4 で割った余りは，$0, 1, 2$ であり 3 となることはない．よって，3 や 107 は $x^2 + y^2$ の形には表せない．

3　(1)，(2) は，外積の定義より明らか．(3) $\boldsymbol{x} \times \boldsymbol{y} = \boldsymbol{0}$ となる必要十分条件は，$x_2y_3 - x_3y_2 = 0$, $x_3y_1 - x_1y_3 = 0$, $x_1y_2 - x_2y_1 = 0$ である．これは，比 $(x_1 : x_2 : x_3)$ が比 $(y_1 : y_2 : y_3)$ と等しいことを意味し，$\boldsymbol{x}$ が $\boldsymbol{y}$ が 1 次従属であることを意味する．(4) 外積と内積の定義より，

$$< \boldsymbol{x} \times \boldsymbol{y}, \boldsymbol{z} > = (x_2y_3 - x_3y_2)z_1 + (x_3y_1 - x_1y_3)z_2 + (x_1y_2 - x_2y_1)z_3$$

となるが，行列の列に関する展開公式より，これは右辺の行列式に等しい．

4　(1) $\mathrm{tr}(A \cdot B) = \sum_{i=1}^{m} \sum_{j=1}^{m} a_{ij}b_{ji} = \mathrm{tr}(B \cdot A)$. (2) もし $X \cdot Y - Y \cdot X = E_m$ となるなら，トレースを取ると，(1) より左辺は 0，右辺は m となり，矛盾する．

5　(1) $\boldsymbol{a} = (a_i)$ とすると，$f(\boldsymbol{e}_i) = < \boldsymbol{a}, \boldsymbol{e}_i > = a_i$ となり，この式で $\boldsymbol{a}$ を定めると，$\boldsymbol{x} = \boldsymbol{e}_i$ のときに $f(\boldsymbol{x}) = < \boldsymbol{a}, \boldsymbol{x} >$ が成立する．ところが，両辺は $\boldsymbol{x}$ について線形であり，$\boldsymbol{e}_i$ $(i = 1, \ldots, m)$ は $\mathbb{R}$ を張るから，任意の $\boldsymbol{x} \in \mathbb{R}^m$ について $f(\boldsymbol{x}) = < \boldsymbol{a}, \boldsymbol{x} >$ が成立する．(2) $\mathrm{tr}(A \cdot X) = \sum_{i=1}^m \sum_{j=1}^m a_{ij}x_{ij}$ だから，$a_{ij} = f(E_{ij})$ とおけばよい．

6　(1) ${}^t({}^tA \cdot A) = {}^tA \cdot {}^t({}^tA) = {}^tA \cdot A$. (2)

$$({}^tA \cdot A)[\boldsymbol{x}] = {}^t(A\boldsymbol{x}) \cdot (A\boldsymbol{x}) = < A\boldsymbol{x}, A\boldsymbol{x} > \geqq 0$$

である．(3) は（ヒント）の様にすればよい．

第6章

6.1節 1

$$f(t;A) = (t-a)(t-a) - b(-b) = (t-a)^2 + b^2 = (t-a+bi)(t-a-bi).$$

2

$$\overline{{}^tA} \cdot A = \begin{pmatrix} \overline{a} & \overline{c} \\ \overline{b} & \overline{d} \end{pmatrix} \cdot \begin{pmatrix} a & b \\ c & d \end{pmatrix} = \begin{pmatrix} |a|^2 + |c|^2 & \overline{a}b + \overline{c}d \\ \overline{b}a + \overline{d}c & |b|^2 + |d|^2 \end{pmatrix}$$

であり，これが単位行列になればよい．

3 (1) 定義より，容易に示せる．(2) も（ヒント）から明らか．

6.2節 1 固有多項式は，$(x+1)(x^2+2x-1)$，$(x(x+2))^2$，$x^2(x-3)$ であり，$C\boldsymbol{x} = \boldsymbol{0}$ の解は 2 次元ある．すべて対角形になる．

2 (1) は行列の計算をすればよい．(2) は，ジョルダンの標準形のサイズが小さな場合には少ないべきで 0 になるから，(1) より明らか．(3) 前半は，ジョルダンの標準形となる可能性のあるものを，場合分けをすればよい．後半は，(2) と同様にすればよい．

3 (1) 行列の計算をすればよい．答えは，(2) において $f(x) = x^n$ とおいたものになる．(2) は (1) と両辺が線形であることより出る．

4 (1) X がジョルダンの標準形の場合には，前問と通常の指数関数の収束性から出る．一般の場合には，ジョルダンの標準形の場合の収束性に帰着させる．(2) X, Y が可換だから，どちらもジョルダンの標準形の場合に帰着できる．その場合には，前問より，通常の指数関数の性質に帰着できる．(3) $Y = -X$ とすると，$\exp(X)\exp(-X) = \exp(0_m) = E_m$ である．よって，$\exp(-X)$ が $\exp(X)$ の逆行列となる．(4) X をジョルダンの標準形にして前問を使うと，X の任意の固有値 α が $|\alpha| < 1$ をみたすときに収束することが分かる．

索　引

あ　行

か　行

さ　行

た 行

な 行

は 行

ま　行

や　行

ら　行

わ　行

欧　字

著者略歴

森田康夫
もりたやすお

1970年　東京大学大学院理学系研究科修士課程修了
　　　　東京大学助手，北海道大学講師，助教授，
　　　　東北大学助教授を経て，
1988年　東北大学理学部教授
1995年　同大学院理学研究科教授
現　在　東北大学名誉教授，東北大学教養教育院総長特命教授
　　　　理学博士　専門は，整数論，数学教育，
　　　　入試試験など

数学基礎コース＝**T1**

要説 線形代数

2011年10月10日 © 初版発行

著者　森田康夫
発行者　木下敏孝
印刷者　山岡景仁
製本者　関川安博

発行所　**株式会社 サイエンス社**

〒151–0051　東京都渋谷区千駄ヶ谷1丁目3番25号
営業 ☎ (03) 5474–8500 (代)　振替 00170–7–2387
編集 ☎ (03) 5474–8600 (代)
FAX ☎ (03) 5474–8900

印刷　三美印刷(株)　製本　関川製本所

《検印省略》

ISBN978-4-7819-1296-7

PRINTED IN JAPAN